# 日本甜點名師的奶油研究室

滑順濃郁×完美融合×吸睛妝點

坂田阿希子／著
徐瑜芳／譯

# 前言

小時候讓我既興奮又雀躍的大多是有著純白鮮奶油的蛋糕。輕盈又帶有空氣感的鮮奶油被銳利的花嘴賦予形狀，上面放著鮮紅的草莓及哈密瓜。即使盒中還裝著起司蛋糕、布丁、巧克力蛋糕，打開盒蓋的瞬間，身為么女的我還是搶先選了散發著香氣且最具存在感的草莓鮮奶油蛋糕。

在聖誕節第一次和母親一起做聖誕蛋糕時，我們和賣牛奶的商家訂了一瓶裝在牛奶瓶中的鮮奶油。我和姊姊開心地將鮮奶油打發後，問題就來了。將發泡鮮奶油漂亮地塗上蛋糕並用花嘴裝飾真的相當困難，結果最後的成品模樣和店裡販賣的蛋糕相去甚遠。不過，使用新鮮鮮奶油製成的聖誕蛋糕還是無懈可擊地美味，舌尖上的記憶至今還扎扎實實地留在腦海中。

毫無疑問地，我現在還是非常喜歡鮮奶油做的甜點。鮮奶油可以為脆口的餅乾添加鬆軟的口感；與甜蜜的點心中和讓味道更輕盈；更棒的是，可以將點心裝飾得更加華麗。無論是哪種點心，都會讓人忍不住想搭配滿滿的發泡鮮奶油。

在甜點店工作時，我很少被分配到裝飾蛋糕的工作，第一次為小蛋糕擠花時，才稍微開始理解鮮奶油的使用方法。在奶油類中，鮮奶油的處理方式最為纖細。了解鮮奶油的特性和應用技巧，就能做出好吃又漂亮的鮮奶油甜點。

本書除了鮮奶油之外，也會介紹使用卡士達醬及奶油霜製作的甜點。無論是哪種奶油都是製作美味西點的起點。

希望透過這本書，能多少解決讀者們至今對奶油類的各種疑問。

坂田阿希子

# 目錄

※計量單位1大匙＝15mℓ，1小匙＝5mℓ。
※雞蛋使用的是M尺寸。
※點心用巧克力是直接使用片狀，
若是用塊狀，需要削成碎片使用。
※烤箱使用的是電烤箱。
若使用的是瓦斯烤箱，也請依照本書標示的溫度及時間烘烤。溫度及烘烤時間為參考基準。
依加熱方式與機種不同多少會有差異，請視情況調整。
※使用手持式攪拌機時，若無特別註明都是使用中速。

# 鮮奶油

鮮奶油是製作蛋糕不可或缺的材料。
除了常見的海綿蛋糕之外，
也很適合搭配法式海綿蛋糕或蛋白餅等
質地相對輕盈的基底。
無論是將點心裝飾得更華麗，
或是拿來塗抹、當作夾心、單純附在邊上，
都好吃的不得了。
接著就來介紹使用鮮奶油時要知道的事情吧！

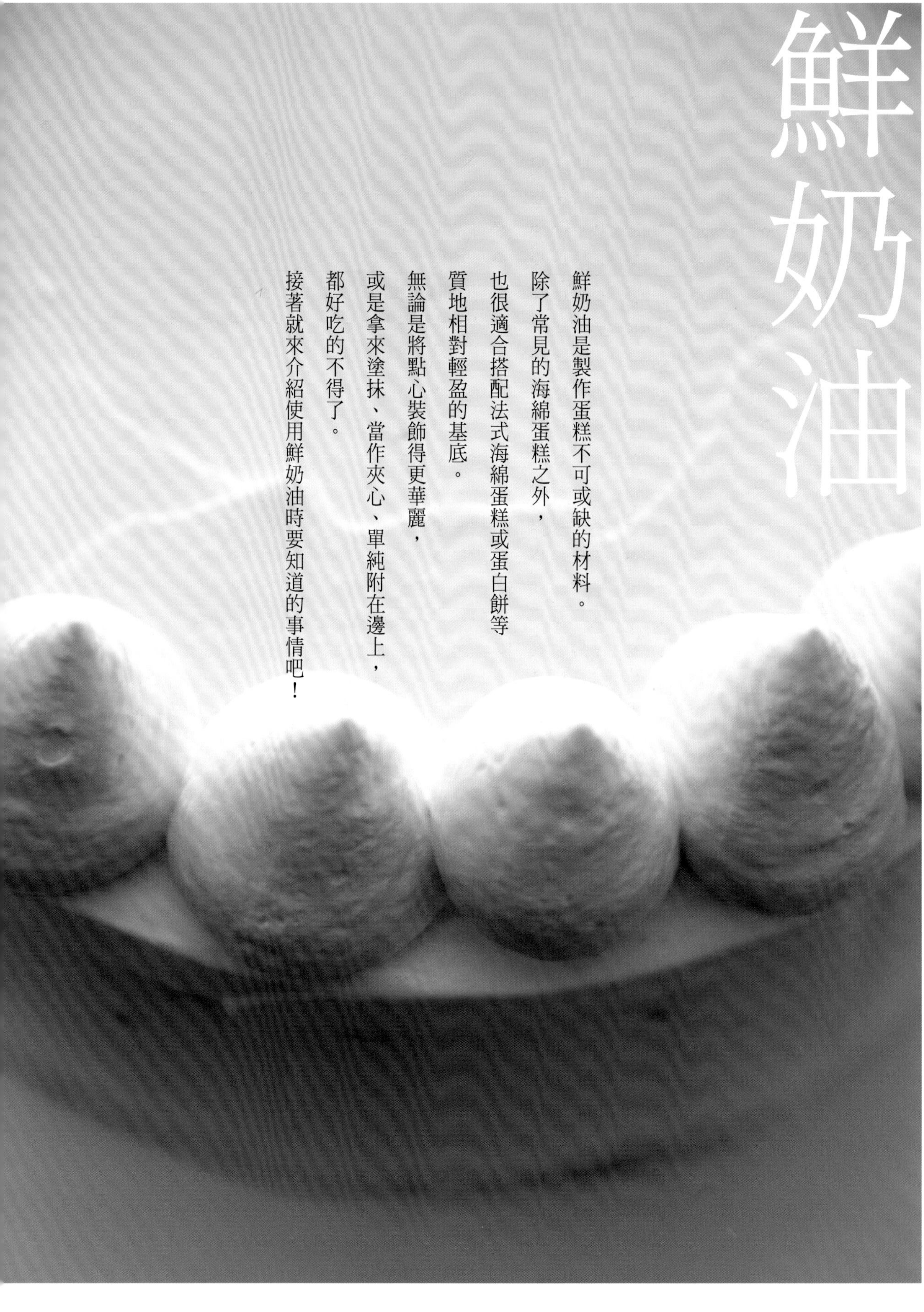

# 關於鮮奶油應該先知道的事情

在眾多的奶油類（cream）中，鮮奶油是水分含量最多的一種，濕潤的質地經過打發之後會將空氣包覆在內，形成綿密的口感。鮮奶油潔白且輕盈柔軟的質感非常吸引人，因此製作鮮奶油蛋糕時，光是抹上發泡鮮奶油（香緹鮮奶油）就能帶出華麗的氛圍和分量感。

此外，將鮮奶油用於甜味和苦味比較明顯的點心，例如口味濃郁的巧克力蛋糕等，就能發揮中和味道的作用。使用方式和享用方式也是千變萬化。

一般市售的鮮奶油可以大致分為兩大類，分別是乳脂含量35%左右的鮮奶油，以及乳脂含量45%左右的鮮奶油。

35%左右的鮮奶油口感較輕盈，發泡速度較慢。45%左右的鮮奶油則是發泡速度較快，味道濃郁香醇。

鮮奶油打發後會出現光澤，從擠花袋中擠出來可以看到挺立清晰的線條。不過反過來說，也代表它有著容易凝固、容易油水分離的特性。只要先了解這個性質，就能夠依照喜好區分用途了。

除了分別單獨使用之外，也有2種混合使用的方法。

## 本書使用的鮮奶油

乳脂含量35%左右的鮮奶油及45%左右的鮮奶油，可以分別單獨使用，也可以混合使用。不過製作裝飾甜點的鮮奶油時，將兩者混合成乳脂含量42～43%的鮮奶油，會比較好操作。

基本上是用乳脂含量45%左右的鮮奶油150㎖和乳脂含量35%左右的鮮奶油50㎖混合而成。書中香緹鮮奶油的材料裡標示的「鮮奶油」，都是指這種混合鮮奶油。也可以依喜好調整混合比例。

# 使用鮮奶油所需的用具

使用鮮奶油時，必要的用具包括打發和攪拌的用具，以及擠花的用具。除此之外，製作甜點時計量是很重要的一個環節。因此磅秤、量杯、大量匙、小量匙也都要事先準備好。

## 旋轉台、抹刀、擠花袋、花嘴

**旋轉台**

旋轉台是將鮮奶油塗在海綿蛋糕等甜點時使用的用具。一邊旋轉台面一邊塗上鮮奶油比較容易操作，成品也比較漂亮。

**抹刀**

在海綿蛋糕或麵包上塗鮮奶油，或是將表面抹勻時使用。這裡使用的是刀身扁平，長度20～22㎝左右的抹刀。用尺寸較小的抹刀也行。

**擠花袋**

擠出鮮奶油時必備的擠花袋，建議要選用容易清洗的尼龍材質。我使用的品牌是Matfer，尺寸為30～40㎝長。

**花嘴**

裝在擠花袋末端的花嘴要依製作的甜點準備不同的樣式。例如圓形花嘴、星形花嘴、聖多諾黑花嘴、排花嘴等（參照p.13）。

## 橡皮刮刀

因為攪拌盆中幾乎都是曲線，所以少不了橡皮刮刀。要選橡皮具有彈力、末端有一定柔軟度的刮刀。建議選用矽膠材質、握把好拿的刮刀。我使用的是Matfer這個品牌的刮刀。

## 打蛋器

我準備的是鋼線數量較多、弧度較大且具有彈性，握把也好拿的打蛋器。也可以依鮮奶油的分量分別準備相應尺寸的打蛋器。

## 攪拌盆2個

準備2個攪拌盆，一個用來打發鮮奶油，另一個用來裝冰水。用來打發鮮奶油的攪拌盆建議使用深型的不鏽鋼盆。不鏽鋼的好處是導熱係數較高，可以有效地降溫。

# 香緹鮮奶油的製作要點

「香緹鮮奶油」是指打發的鮮奶油（亦即發泡鮮奶油）。

它和海綿蛋糕之間的關係密不可分，香緹鮮奶油的美味程度，甚至是可以左右蛋糕好壞的重要因素之一。

從加入什麼樣的砂糖、加入多少分量，以及使用什麼樣的香甜酒、使用多少分量，就能夠看出每個人各自的品味。

融合了鮮奶油的香醇、砂糖的甘甜以及香甜酒的香氣，可以說是香緹鮮奶油最棒的醍醐味吧。

開始打發鮮奶油時要加入砂糖增加甜味

**使用的砂糖是……**

一般使用的是細砂糖。因為細砂糖已經精煉成結晶，純度高、雜質也少，甜味很清爽。而且它在鮮奶油中不顯色，打發之後會出現光澤。除了細砂糖之外，有時也會使用上白糖或二號砂糖（參照p.16）。

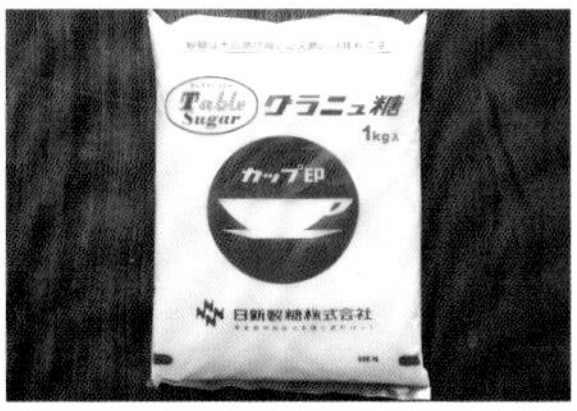

收尾時加入香甜酒增添香氣

**使用的香甜酒是……**

根據甜點的種類及搭配的水果有各式各樣的選擇，不過，加入鮮奶油的香甜酒，如果和海綿蛋糕等甜點的糖液用一樣的，味道會更統一。另外，就如同成語「過猶不及」這句話所說，加太多的話會因為氣味太強烈而破壞整體的平衡，使用時要特別注意。

（右下的照片，由左至右）

**櫻桃白蘭地（Kirsch）** 櫻桃發酵製成的蒸餾酒。沒有甜味，透明無色，香味單純清爽。

**柑曼怡橙酒（Grand Marnier）** 在干邑白蘭地中加入苦橙的蒸餾液後熟成，是種顏色呈褐色的香甜酒。

**蘋果白蘭地（Calvados）** 原料是蘋果。只有在法國諾曼第地區製作的蘋果白蘭地才能以Calvados稱之。呈褐色，帶有明顯的果香。

**蘭姆酒（Rum）** 使用甘蔗製成的蒸餾酒。本書使用的是香氣強烈、風味濃郁的黑蘭姆酒。

**白蘭地（Cognac）** 白蘭地是以水果酒製成的蒸餾酒之總稱。而干邑白蘭地（Cognac）則是法國干邑地區出產的白蘭地，原料是葡萄，具有高雅的香氣。

**君度橙酒（Cointreau）** 白庫拉索酒的一種。具有強烈的柑橘香氣以及柔和的甜味，透明無色。

**馬德拉酒（Madeira wine）** 在葡萄牙屬馬德拉島製成，是一種高酒精濃度的葡萄酒。具有獨特的強烈香氣。

# 香緹鮮奶油的作法

**準備好乳脂含量45%（左右）的鮮奶油150mℓ及乳脂含量35%（左右）的鮮奶油50mℓ。在鮮奶油中加入細砂糖後開始進行打發**

1　準備較大的攪拌盆（不鏽鋼製或玻璃製都可以），在其中加入⅓高的冰水，再將較小的不鏽鋼盆疊入冰水盆中，加入鮮奶油（乳脂含量45%的150mℓ＋乳脂含量35%的50mℓ）及細砂糖2大匙。

2　使用打蛋器開始攪拌。

3　抓住握把的時候要施力，像是從上方握住的感覺。

4　將攪拌盆稍微傾斜，在攪拌過程中混入空氣。

鮮奶油是非常纖細的材料。從超市買回家的路上要注意不要過度搖晃。特別是乳脂含量47%的鮮奶油，因為成分中將近半數都是乳脂肪，所以僅僅是在包裝盒中搖晃，就有可能造成柔軟的脂肪及澄清的水分互相分離。當包覆在脂肪顆粒外的脂肪球膜被破壞，就會造成分離現象。

此外，買回家後一定要馬上將鮮奶油放進冰箱中冷藏。因為鮮奶油變質的速度很快，所以一定要持續保持冷卻才行。一直到使用之前都要放在冰箱中冷藏。

接著，在打發的同時，盆底也要墊著冰水。之所以要在冰水上打發，是為了讓鮮奶油維持在低溫的狀態。

另外，在打發之前還要確認的是攪拌盆。攪拌盆中絕對不能有任何水分，一定要記得將水分擦乾才能使用。

## 開始變濃稠就是六分發的狀態

**5** 當整體變濃稠時開始慢慢攪拌，用打蛋器將鮮奶油撈起來看看。如果鮮奶油滴落時帶有濃稠感，但是落入盆中後痕跡馬上就會消失，就是六分發的狀態。

**6** 當鮮奶油出現濃稠感時，只要稍微攪拌就會覺得手感愈來愈重，所以從這個步驟開始就要一邊攪拌，一邊觀察鮮奶油的狀態。

## 會留下痕跡就是七分發的狀態

**7** 當整體變得更為濃稠，用打蛋器撈起滴落時會稍微堆積後痕跡才慢慢消失，這樣就是七分發的狀態。這個狀態的鮮奶油放在海綿蛋糕上，或是在混合、塗抹的過程都會變得再硬一些，所以打發時可以預留一點空間。

## 出現彎鉤狀尖角大約是八分發的狀態

**8** 繼續打發，就會變得更加綿密，用打蛋器撈起滴落時會有扎實的掉落聲，也會堆積出落下的痕跡。打蛋器上出現彎鉤狀的尖角就是八分發的狀態。

### 將攪拌盆邊緣部分的鮮奶油打發至較硬的程度

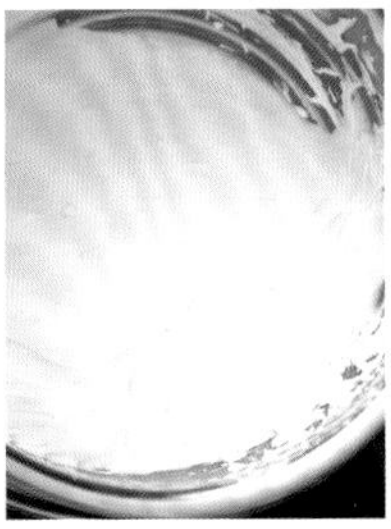

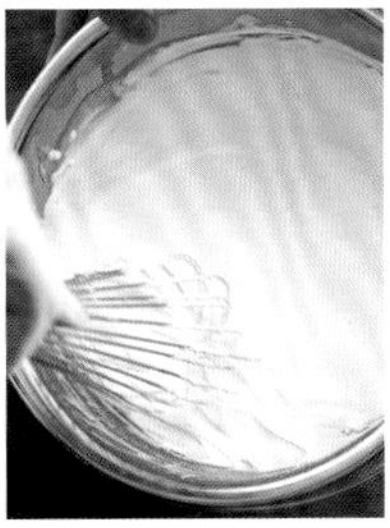

先將鮮奶油打發至六～七分發，可以在攪拌盆邊緣另外打發一部分其他用途的鮮奶油。例如，在製作鮮奶油蛋糕時，可以先將整體打發至七分發，再將夾心部分的鮮奶油打發至八分發，這樣作業過程會比較流暢。攪拌盆中剩下的部分可以放進冰箱中冷藏，到隔日再用完。

# 花嘴和擠花袋

進行鮮奶油蛋糕、奶油蛋糕的裝飾，以及點綴布丁和芭芭露亞時，經常會使用到花嘴和擠花袋。市面上販售的花嘴種類繁多，我最常用的是圓形花嘴、星形花嘴、聖多諾黑花嘴。花形花嘴、開口星形花嘴在本書中也被歸類為星形花嘴的一種。

想要擠上更細緻的花紋時，可以使用烘焙紙折成的擠花袋（參照p.17）。

本篇會先介紹擠花袋的使用方法。在認識花嘴和擠花手法之前，要先記住以下這些基本知識。

## 將香緹鮮奶油填入擠花袋

1 將擠花袋的上半部往外翻折，將花嘴裝在尖端。一邊觀察，一邊將擠花袋尖端一點一點裁掉。注意不要裁掉太多。

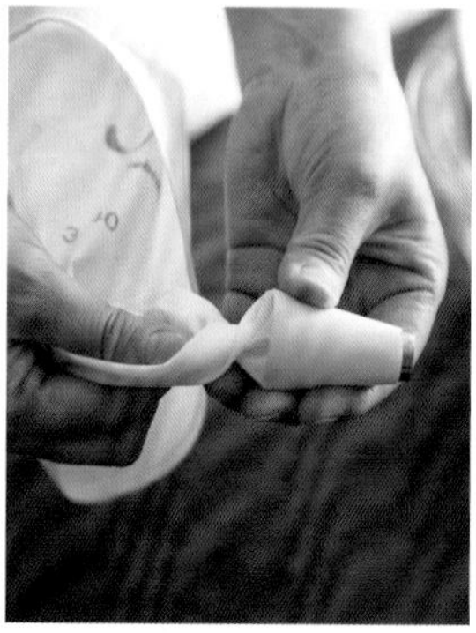

2 將花嘴固定好之後，用一隻手拿著花嘴，另一隻手將擠花袋扭緊。

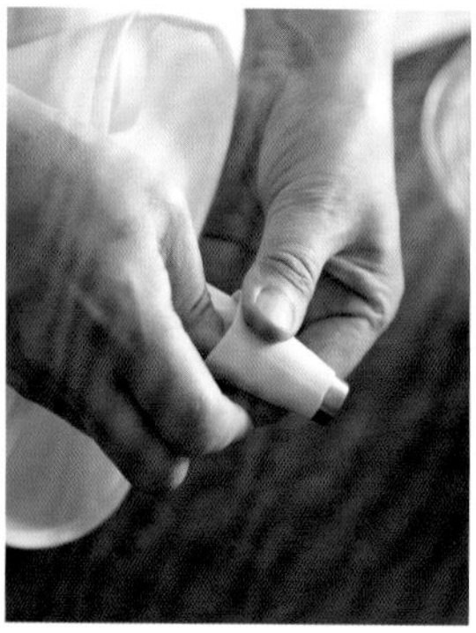

3 扭緊的部分塞進花嘴中。

4 接著將香緹鮮奶油填入擠花袋中。

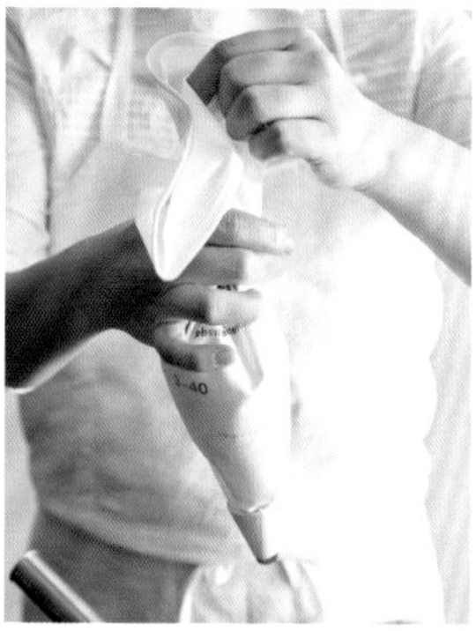

5 將擠花袋口收緊，鮮奶油往尖端擠壓。

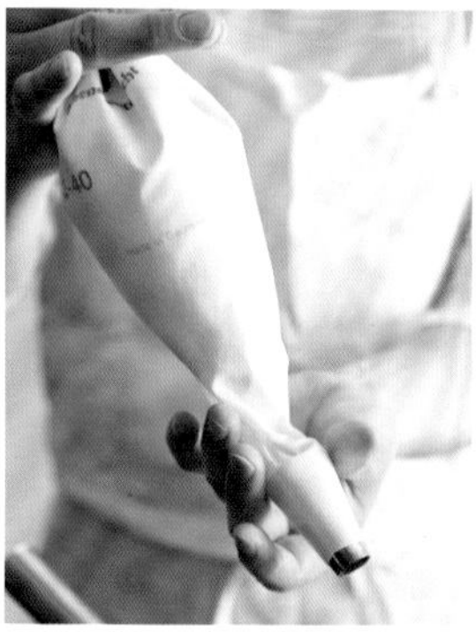

6 將花嘴往外拉，把原本塞在花嘴裡的擠花袋部分拉出。接著一邊扭緊擠花袋口，一邊將鮮奶油往尖端擠壓，排除袋中的空氣。

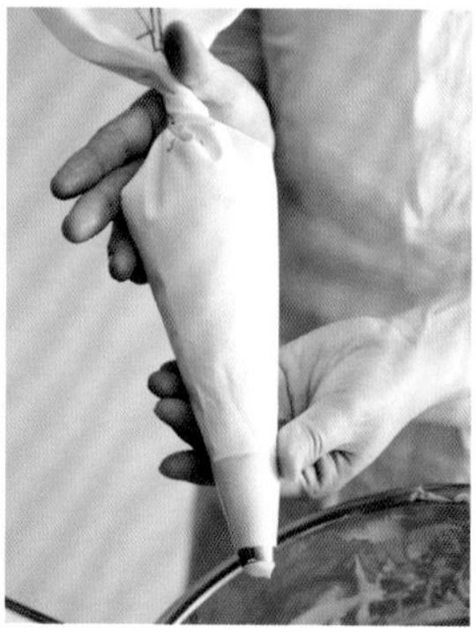

7 這樣就完成了。使用時一隻手捏住扭緊的袋口，另一隻手扶著花嘴擠出鮮奶油。

# 本書使用的主要花嘴及形狀範本

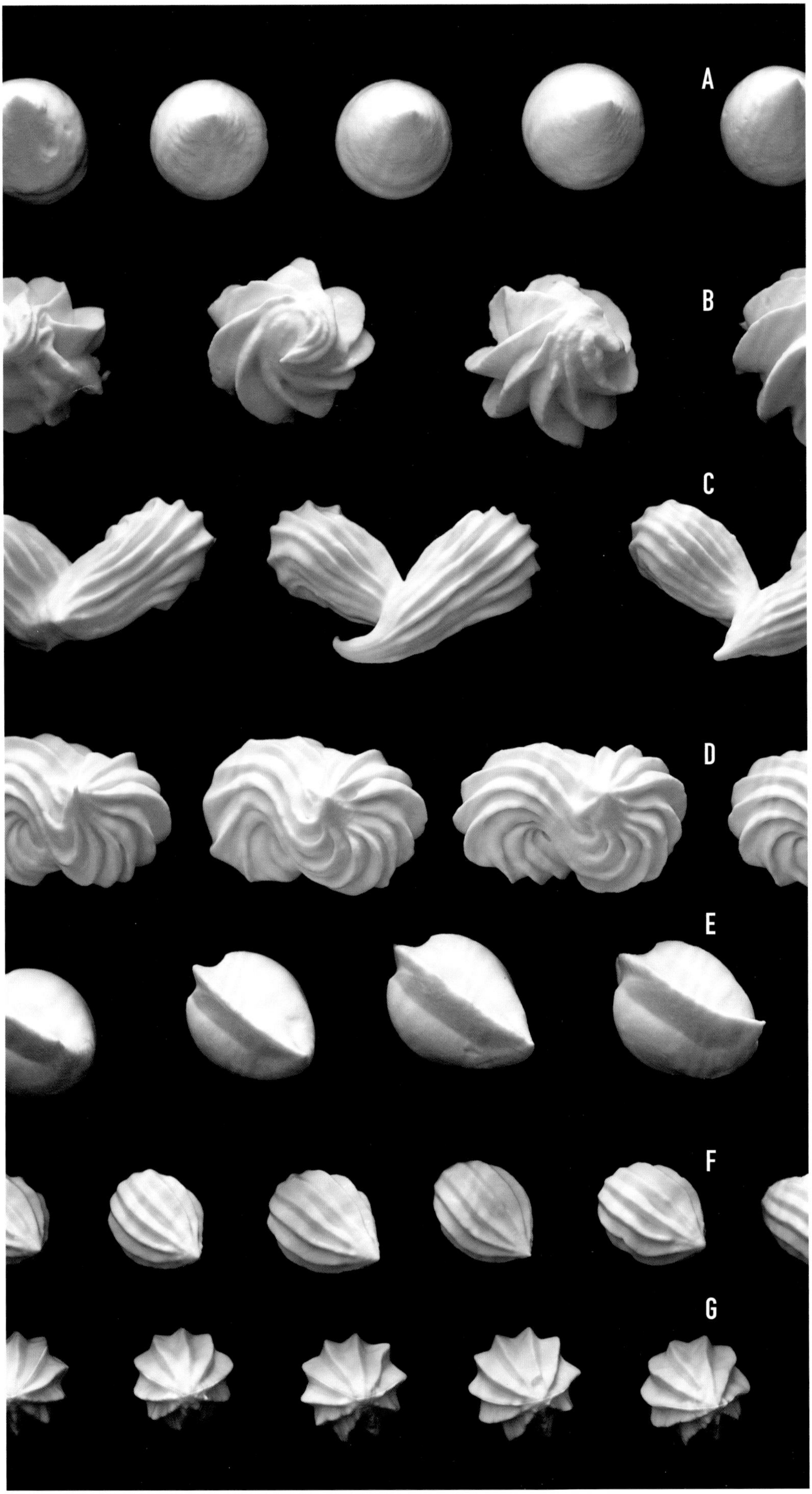

A 圓形花嘴

B 8齒星形花嘴

C·D 10齒星形花嘴

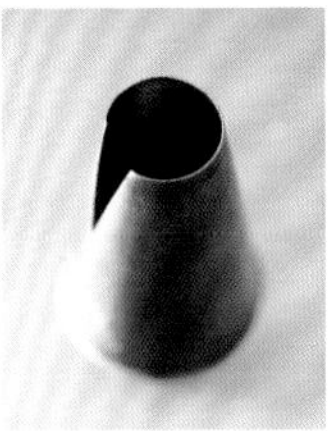

E 聖多諾黑花嘴

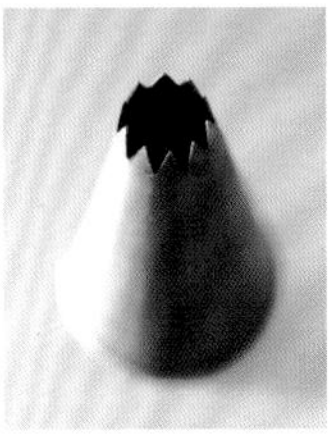

F·G 開口星形花嘴

# 香緹鮮奶油的變化

## 增添風味及香氣

只要將原味的香緹鮮奶油做一些變化，就能夠享受到更多種不同的美味。

香緹鮮奶油跟海綿蛋糕、蛋白霜、吐司很合，接下來要介紹的是適合搭配這些甜點的變化款鮮奶油口味。

請先照著p.10所寫的，將乳脂含量45%左右及乳脂含量35%左右的鮮奶油以3：1的比例混合。

要打出漂亮的鮮奶油，訣竅就在於先在鮮奶油中加入砂糖打發，待鮮奶油稍微出現濃稠感時再加入增添風味的材料。一開始就加進去的話會花很多時間打發，而最後才加入則是不容易拌勻。

### 抹茶鮮奶油

在150㎖鮮奶油中加入35g和三盆糖，打發至六分發，再加入以2小匙抹茶粉及2小匙熱水混合而成的抹茶液攪拌混合。

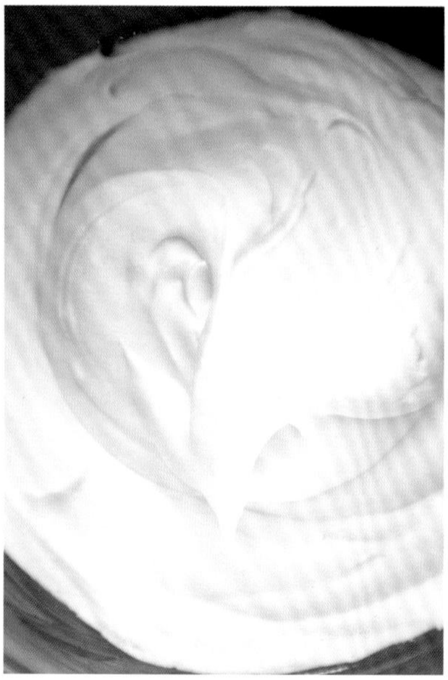

### 優格鮮奶油

在100㎖鮮奶油中加入1又$\frac{1}{2}$大匙細砂糖，打發至六分發，接著加入2大匙將水分瀝乾的優格攪拌混合。

## 肉桂鮮奶油

在100㎖鮮奶油中加入1又½大匙細砂糖後打發至六分發，接著加入½小匙肉桂粉攪拌混合。

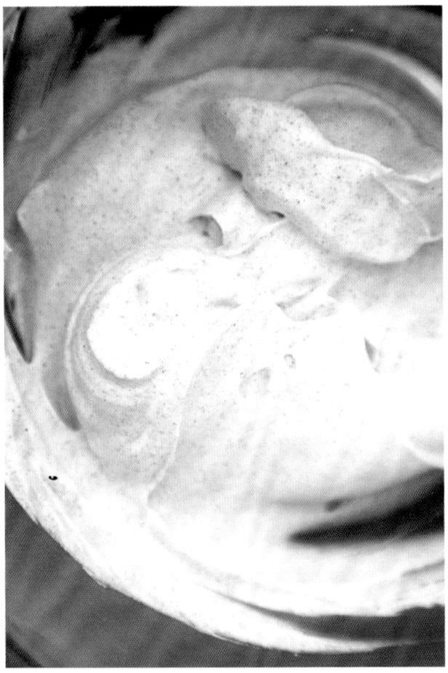

## 香草鮮奶油

在200㎖鮮奶油中加入2又½大匙細砂糖後打發至六分發，接著加入½條份的香草籽及1小匙蘭姆酒攪拌混合。

## 巧克力鮮奶油

將80㎖的鮮奶油加入鍋中煮沸後關火，接著放入50g切成碎屑狀的烘焙用巧克力使其融化，放涼之後製成甘納許。將200㎖鮮奶油分成少量多次加入甘納許中，以橡皮刮刀攪拌混合，一邊隔著冰水降溫，一邊加入2小匙細砂糖打發至六分發，最後加入少許櫻桃白蘭地。

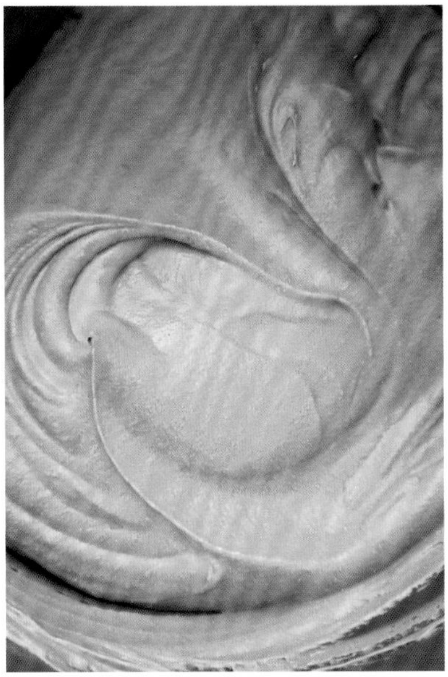

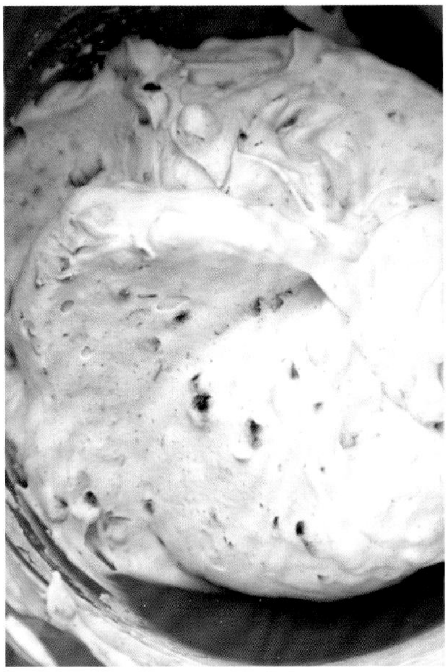

## 紅豆鮮奶油

在150㎖鮮奶油中加入1小匙細砂糖後打發至七分發，接著加入100g水煮紅豆粒（市售）攪拌混合。

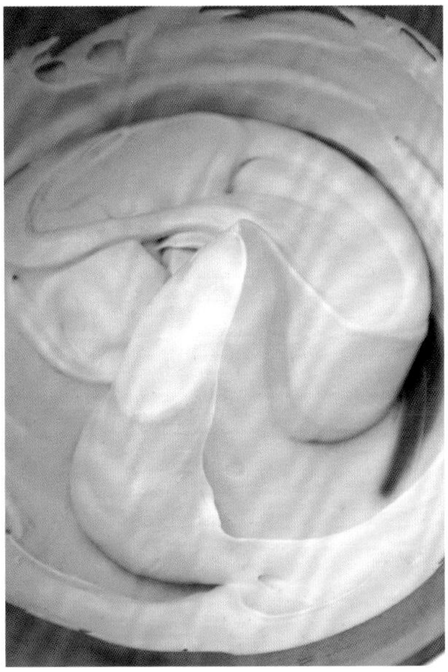

## 焦糖鮮奶油

在200㎖鮮奶油中加入2大匙細砂糖後打發至七分發，接著加入2大匙白蘭地攪拌均勻，最後加入6大匙焦糖醬（參照p.26）攪拌混合。

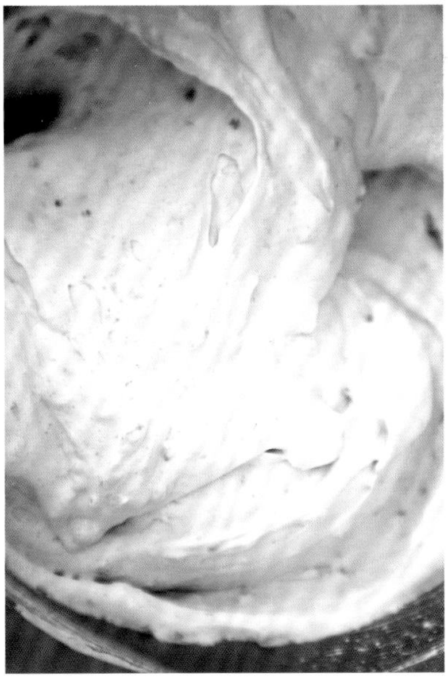

## 果醬鮮奶油

在100㎖鮮奶油中加入½大匙細砂糖後打發至六分發，接著加入1大匙覆盆子草莓果醬（參照p.29）攪拌混合。

# 這種時候該怎麼辦呢？

## 想要使用細砂糖以外的糖類

製作香緹鮮奶油時使用的糖基本上是細砂糖，但不表示一定只能用這種糖。本書也有依照搭配的蛋糕體、水果及成品想呈現的形象而使用另外幾種不同的糖類。

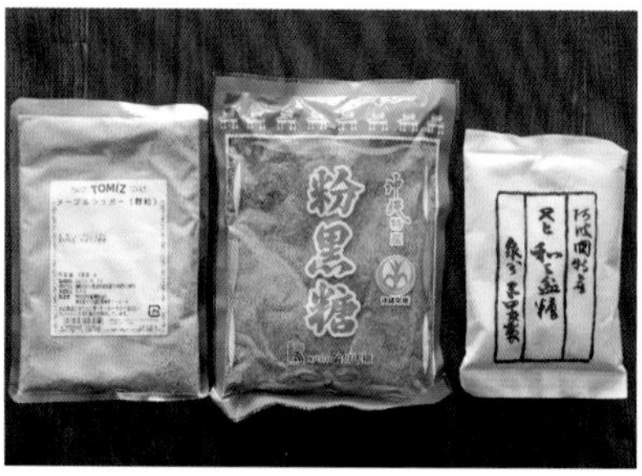


**和三盆糖**　想要帶出特有的纖細甜味時可以使用。也可以和抹茶等和風素材搭配使用。

**黑糖**　滋味豐富醇厚，具有強烈的蔗糖風味。想要展現黑糖風味及色澤時可以使用。但是想要呈現出潔白的效果時就不太適合。建議使用細粉狀的黑糖。

**楓糖砂**　熬煮楓糖至水分蒸發後製成的砂糖。特色是帶有清爽的甜味。

因為蜂蜜及楓糖漿的水分較多，比起單獨使用，建議還是使用砂糖增添些許甜味，並以蜂蜜及楓糖漿增添風味，做出獨特且豐富的味道。

## 剩餘的香緹鮮奶油如何處理？

可以放進保存容器中冷藏保存。不過，因為鮮奶油很容易吸附其他味道，所以盡可能在2天內食用完畢。有各種享用方式，例如放在咖啡或草莓上，或是附在比司吉及餅乾旁等。

## 油水分離的鮮奶油如何處理？

鮮奶油一旦油水分離就無法復原了，只能放棄打發，轉個念頭改做美味的奶油吧。作法很簡單，只要將分離出來的脂肪用濾布擠乾水分，就能得到新鮮現做的奶油了。可以塗在麵包及餅乾上享用。

## 鮮奶油打發過頭如何處理？

本來想做七分發的鮮奶油卻不小心打發過頭時，可以加入一些乳脂含量35%的鮮奶油，再用橡皮刮刀攪拌降低發泡鮮奶油的濃稠度，使其回復柔滑的狀態。用打蛋器用力打發很容易使鮮奶油油水分離，要特別注意。

# 想要擠上更細緻的花紋時該怎麼辦呢？

想用鮮奶油寫字或是描繪一些細緻的裝飾時，紙捲擠花袋就很方便好用。用烘焙紙就能輕鬆做出紙捲擠花袋。可以藉由尖端開口的裁切方式來調整線條的粗細，依喜好擠出想要的鮮奶油粗度。主要在擠奶油霜的時候使用（參照p.72的覆盆子奶油霜蛋糕）。

## 紙捲擠花袋的作法

1 將烘焙紙裁成邊長25～30㎝的正方形。

2 對折成三角形，並用剪刀或美工刀沿著折線剪成三角形。

3 長邊置於下方，左手放在從頂點垂直往下的地方。

4 左手不動，用右手將烘焙紙從左到右捲起。

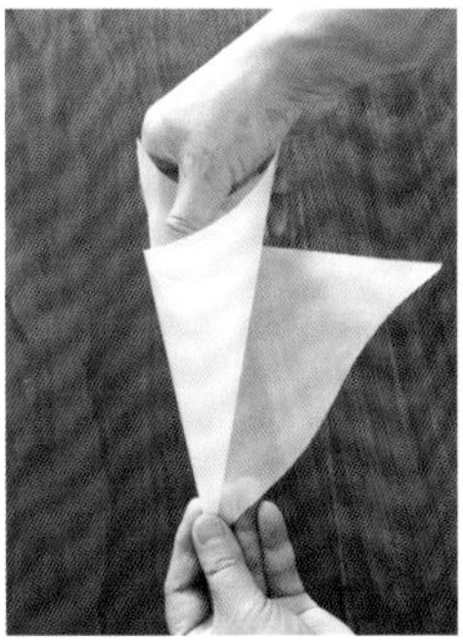

5 一邊捲，一邊將烘焙紙調整成圓錐狀的紙捲擠花袋。

6 捲完的樣子。

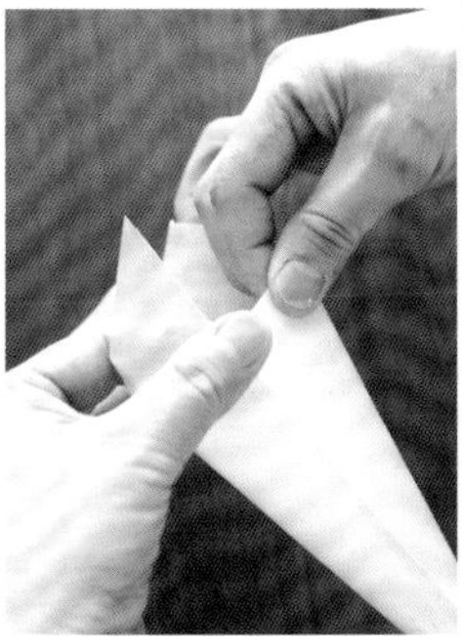

7 將紙捲尾端突出的部分往內側折。

8 將紙捲開頭突出的部分往外側折。紙捲擠花袋就完成了。

9 將奶油霜填入紙捲擠花袋中，為了防止空氣進入，要將填裝的開口處折起封住。

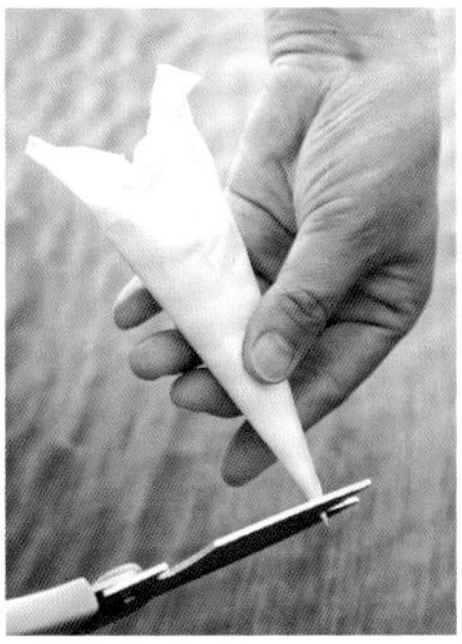

10 用剪刀將紙捲擠花袋前端剪開後使用。

# 香緹鮮奶油的裝飾法

使用鮮奶油裝飾時，操作必須俐落、細心，這樣才能做出華麗、美觀又好吃的蛋糕。本篇會以鮮奶油蛋糕為例，介紹「夾心」、「抹面」、「擠花」等香緹鮮奶油相關的基本動作。

製作海綿蛋糕中的「夾心」部分時，為了讓切開的斷面有整齊漂亮的切口，並且與水果夾餡緊密地貼合，必須使用有一定硬度的八分發香緹鮮奶油。

製作上面及側面的「抹面」部分時，要分好幾次塗抹上蛋糕，比較適合使用柔軟的七分發香緹鮮奶油。也因為有足夠的柔軟度，塗抹在上面的鮮奶油會自然地垂落到側面，再繼續往下滑，不用特別去修飾也能塗得很漂亮。

操作「擠花」時，鮮奶油太軟會無法成形，所以要使用八分發的香緹鮮奶油。花嘴的形狀及設計可以自由發揮，建議先在腦中想像完成的樣子再開始動作。

塗抹鮮奶油時要確定海綿蛋糕已經冷卻放涼。還有，先塗糖液再塗鮮奶油，可以讓味道更加融入海綿蛋糕，讓蛋糕變得更美味。

## 草莓鮮奶油蛋糕

> 作法在p.20

# 草莓鮮奶油蛋糕

**材料**：直徑15㎝的圓形烤模1個份

海綿蛋糕

- 全蛋　2個（約100g）
- 蛋黃　1個份（約10g）
- 上白糖　70g
- 低筋麵粉　55g
- 無鹽奶油　20g

香緹鮮奶油（參照p.10）

- 鮮奶油　250mℓ
- 細砂糖　2又½大匙
- 櫻桃白蘭地　2小匙

糖液

- 水　50mℓ
- 細砂糖　25g
- 櫻桃白蘭地　1小匙

草莓　約20顆

**前置準備**

- 全蛋、蛋黃退冰至室溫。
- 低筋麵粉過篩。
- 隔水加熱將奶油融化。
- 將模具側面及底部鋪上烘焙紙。
- 烤箱預熱至180℃。
- 製作糖液。在小鍋中加入水、細砂糖加熱，煮至細砂糖溶解後關火，糖水放涼之後再加入櫻桃白蘭地。
- 切除草莓蒂頭，一半的草莓縱向切半。

## 烤製海綿蛋糕

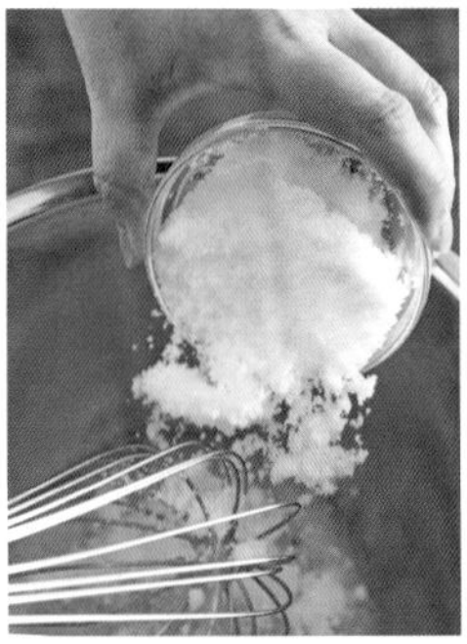

1 將全蛋及蛋黃放入攪拌盆中打散，加入上白糖，將攪拌盆直接放在火爐上，一邊加熱一邊用打蛋器攪拌至上白糖溶解為止。

2 當蛋液變成不黏稠的水狀時立刻離火。參考基準是手指放進蛋液中感覺微溫的程度。

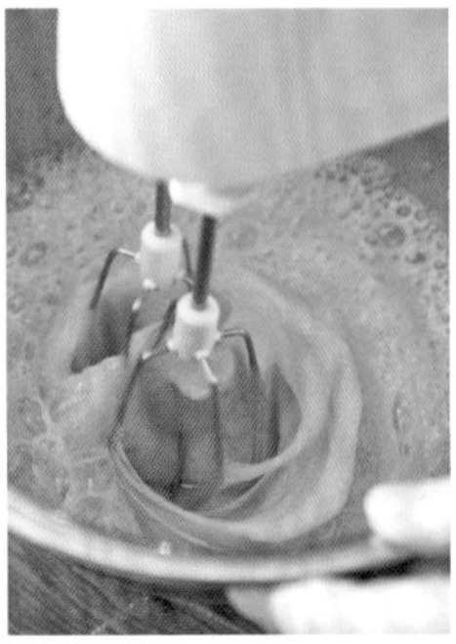

3 用手持式攪拌機將蛋液充分打發至濃稠泛白的狀態。

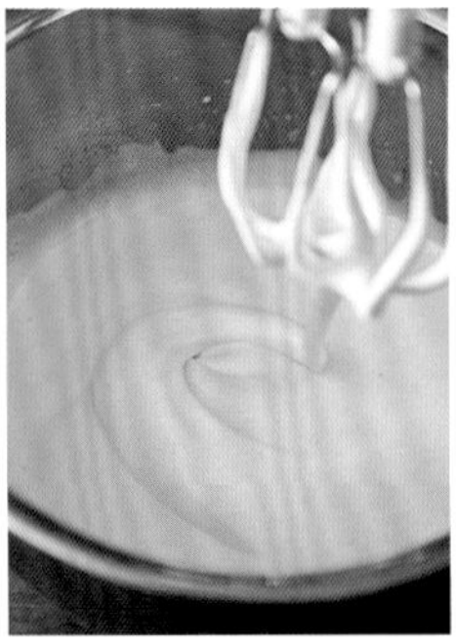

4 打發至可以畫出線條的濃稠度後，以低速攪拌消除大顆氣泡，接著用打蛋器攪拌至滑順。

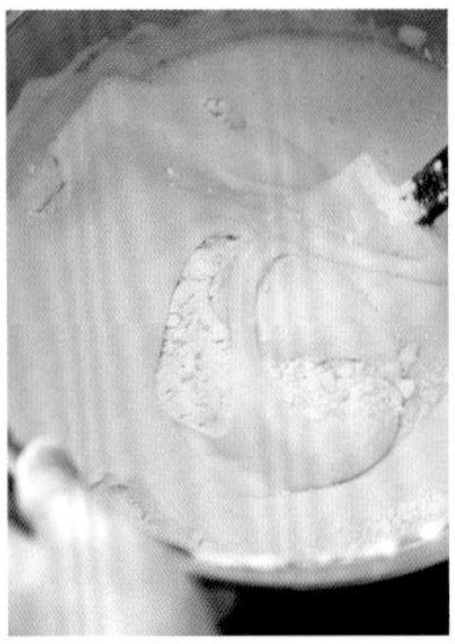

5 加入過篩的低筋麵粉，用橡皮刮刀以由下往上翻動的方式攪拌，一直攪拌到麵糊中沒有粉粒。

6 順著橡皮刮刀將融化的奶油倒入麵糊中，攪拌至整體出現光澤且看不出奶油的痕跡。

7 將麵糊倒入模具中，將麵糊連同模具在檯面上輕敲2～3次，去除麵糊中的大顆氣泡。以180℃的烤箱烘烤25～30分鐘。

8 將蛋糕從模具中取出，在蛋糕冷卻架上放涼後取下烘焙紙。

## 進行裝飾

9 將海綿蛋糕放在旋轉台上，切掉薄薄一層表面帶有烤色的部分，切平整，接著將蛋糕橫向切半。先取下上層的蛋糕體，在下層的蛋糕體切面塗上糖液。

10 製作七分發的香緹鮮奶油，再將其中一部分打發至八分發（參照p.11），塗抹在步驟**9**的蛋糕上，用抹刀將鮮奶油抹勻。

11 將縱向切半的草莓切面朝下排在蛋糕上。

12 再將一部分打發至八分發的香緹鮮奶油（參照p.11）放在步驟**11**的蛋糕上，重複塗抹至完全覆蓋草莓。

13 先將第二片海綿蛋糕的單面塗上糖液，塗好的那面朝下疊在步驟**12**的蛋糕上，接著將朝上的那面也塗上糖液。

14 在表面放上七分發的香緹鮮奶油，用抹刀將表面抹平。

15 將抹刀直立，把垂落在側面的鮮奶油抹在蛋糕上。

16 補上香緹鮮奶油，轉動旋轉台的同時抹刀朝同一個方向塗抹，將側面塗抹平整。

17 將抹刀靠著蛋糕底部，刮掉多餘的鮮奶油，將蛋糕塑形。

18 用抹刀修飾蛋糕上方邊緣的鮮奶油，抹出整齊的線條。

19 將剩餘的香緹鮮奶油打發成八分發，放入裝了圓形花嘴的擠花袋中，沿著蛋糕上方的邊緣擠花。

20 將剩餘的草莓平均擺放在蛋糕上。

# 鮮奶油蛋糕的變化

製作鮮奶油蛋糕時，會希望它入口即化，吃起來輕盈不厚重。因此，權衡水果、香緹鮮奶油、海綿蛋糕之間的比例分配是很重要的。舉例來說，若蛋糕的主角是水果，可以在雙層海綿蛋糕中夾進大量水果，表面也放上切成大塊的水果，再用不蓋過水果存在感的方式擠上香緹鮮奶油。若以鮮奶油為主角，可以將海綿蛋糕切成薄片，以香緹鮮奶油為夾心做成三層蛋糕，呈現出濕潤的感覺。還有一種方法是像左下的莓果鮮奶油蛋糕那樣，不使用擠花袋，而是用抹刀描繪出蛋糕的外觀。關於鮮奶油蛋糕的組合方式以及香緹鮮奶油的裝飾，請參照p.18和p.21。

## 抹茶及金桔
## 鮮奶油蛋糕

- 糖液是以50mℓ水、25g和三盆糖製成（參照p.20）。
- 香緹鮮奶油是抹茶風味（參照p.14）。
- 將海綿蛋糕橫切成3片，做成三層蛋糕。中間分別夾入香緹鮮奶油。
- 上面以小型星形花嘴擠花，再放上切成一半的糖煮金桔。

※**糖煮金桔**（容易製作的分量）
將500g金桔每個都縱切一道刀痕，水煮1～2分鐘。在鍋中放入100g細砂糖、80g蜂蜜、200mℓ水，煮至溶化，再加入金桔，放上落蓋以小火煮15～20分鐘。加入1小匙檸檬汁後將其煮沸。

## 哈密瓜
## 鮮奶油蛋糕

- 糖液使用的香甜酒為1小匙馬德拉酒（參照p.20）。
- 香緹鮮奶油是以200mℓ鮮奶油、2大匙細砂糖、1又$\frac{1}{2}$小匙馬德拉酒打發至七分發而成。
- 海綿蛋糕之間夾入切成1㎝厚的哈密瓜及八分發的香緹鮮奶油。
- 表面裝飾塗上七分發的香緹鮮奶油，以聖多諾黑花嘴擠花，保留中心的位置放上哈密瓜。

## 莓果
## 鮮奶油蛋糕

- 糖液使用的香甜酒為櫻桃白蘭地（參照p.20）。
- 香緹鮮奶油是以150mℓ鮮奶油、1又$\frac{1}{2}$大匙細砂糖、1小匙櫻桃白蘭地製成。
- 在海綿蛋糕之間排列黑莓、覆盆子、藍莓等莓果類。
- 塗抹上裝飾用的七分發香緹鮮奶油，不使用花嘴，直接用抹刀塗抹塑形。上面用莓果類及薄荷葉裝飾，最後撒上糖粉。

## 巧克力
## 鮮奶油蛋糕

- 糖液使用的香甜酒為1小匙白蘭地（參照p.20）。
- 香緹鮮奶油是巧克力風味（參照p.15）。
- 將海綿蛋糕橫切成3片，做成三層蛋糕。第一層夾入香蕉薄片以及香緹鮮奶油，第二層夾入香蕉薄片、碎核桃及香緹鮮奶油。
- 以星形花嘴擠花，並撒上可可粉及巧克力碎片作裝飾。

# 捲心、夾心都好吃的香緹鮮奶油

在厚度較薄的海綿蛋糕中捲入香緹鮮奶油製成的蛋糕捲，烘烤蛋糕的時間比較短，也不需要講究的裝飾，作法意外地容易。是種只要有海綿蛋糕及鮮奶油就能呈現出滋味的甜點。

香緹鮮奶油餡中可以加入堅果及水果，海綿蛋糕也可以改成焦糖口味、咖啡口味、抹茶口味，製作時能帶著玩樂的心情自由變化。要捲出漂亮的蛋糕捲有兩個重點，其一是將海綿蛋糕塗上糖液使其保持濕潤，讓鮮奶油能更容易貼合蛋糕；其二是在捲蛋糕的過程中注意不要讓鮮奶油突出左右兩側，並使用八分發的香緹鮮奶油。

香緹鮮奶油及糖液若是使用同樣的香甜酒，就能讓味道及香氣更加突出。

**焦糖蛋糕捲** > 作法在p.26

# 焦糖蛋糕捲

**材料**：1條份（28×28㎝的烤盤）

**焦糖醬（容易製作的分量）**

- 細砂糖　100g
- 水　130㎖

**糖液**

- 焦糖醬　2大匙
- 水　2大匙
- 白蘭地　1小匙

**蛋糕捲用海綿蛋糕**

- 全蛋　3個
- 二號砂糖　60g
- 低筋麵粉　60g
- 無鹽奶油　10g
- 牛奶　10㎖
- 焦糖醬　2大匙

**香緹鮮奶油（參照p.10）**

- 鮮奶油　200㎖
- 細砂糖　2大匙
- 白蘭地　2小匙
- 焦糖醬　5～6大匙

**裝飾用**

- 香緹鮮奶油（八分發）　適量
- 糖粉　適量

**前置準備**

- 全蛋退冰至室溫。
- 低筋麵粉過篩。
- 將奶油加入牛奶中以隔水加熱的方式融化。
- 將烤盤鋪上烘焙紙。
- 烤箱預熱至200℃。

## 製作焦糖醬及糖液

**1** 製作焦糖醬。將細砂糖及2大匙水（30㎖）放入鍋中加熱，熬煮成濃茶色之後加入100㎖水使其溶解，並且放涼。

**2** 製作糖液。從步驟**1**之中取出2大匙焦糖醬，加入食譜分量內的水及白蘭地混合。

## 製作蛋糕捲用海綿蛋糕

**3** 將蛋打入攪拌盆中攪散，加入二號砂糖，將攪拌盆直接放在火爐上，一邊加熱一邊用打蛋器攪拌混合。加熱至手指放進蛋液中感覺微溫的程度。

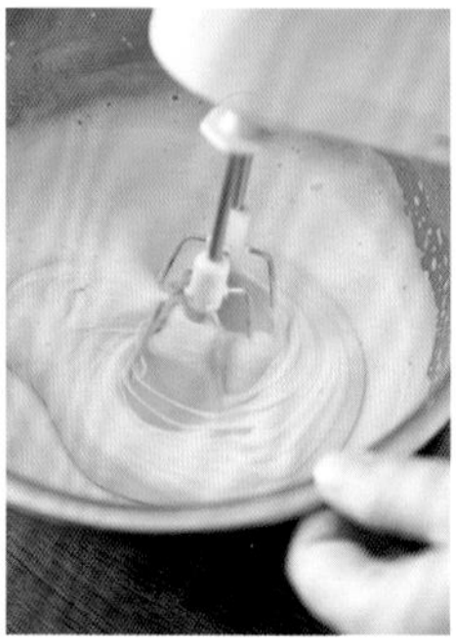

**4** 用手持式攪拌機將蛋液充分打發至濃稠泛白，提起時可以用蛋糊畫出線條的狀態。

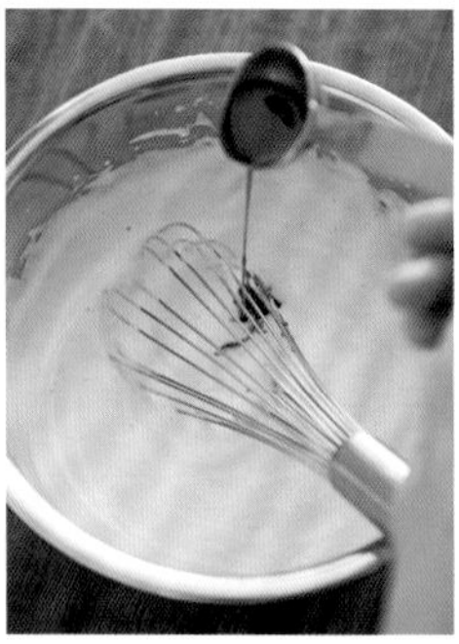

**5** 加入食譜分量內的焦糖醬，以打蛋器將整體攪拌均勻。

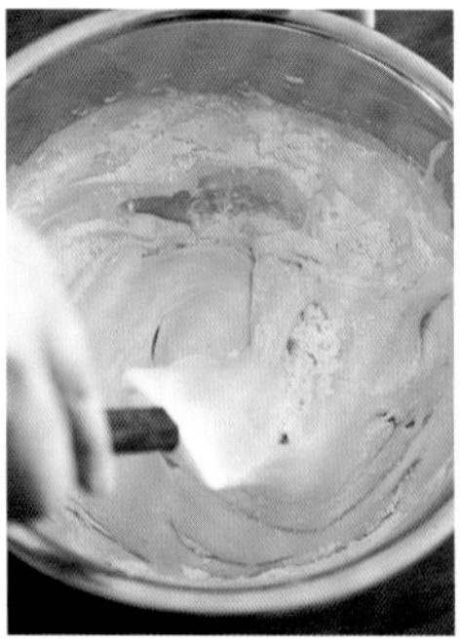

**6** 一次加入全部的過篩低筋麵粉。用橡皮刮刀以由下往上翻動的方式攪拌，一直攪拌到麵糊中沒有粉粒。

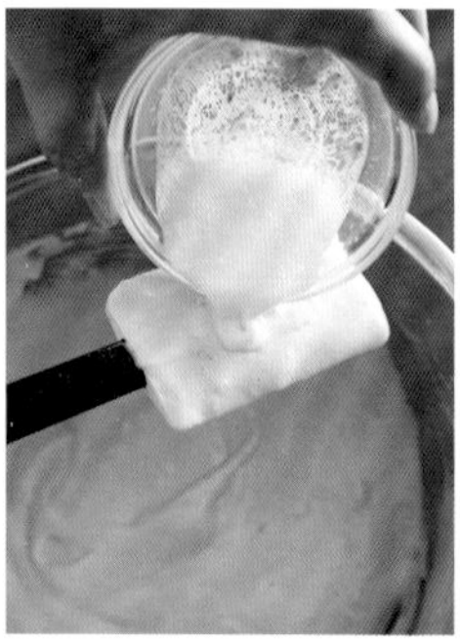

**7** 順著橡皮刮刀將融化的奶油及牛奶倒入麵糊中攪拌均勻。

## 將蛋糕捲起

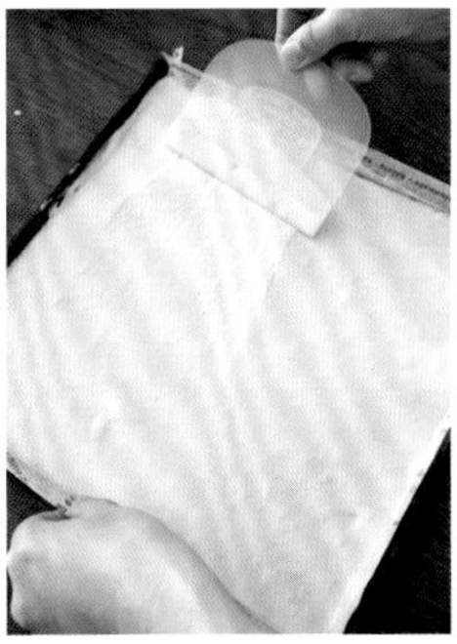

8 將麵糊倒入28×28㎝的烤盤中，用刮板抹平，連同烤盤在檯面上輕敲2～3次將空氣排出。放入200℃的烤箱烤10分鐘左右。

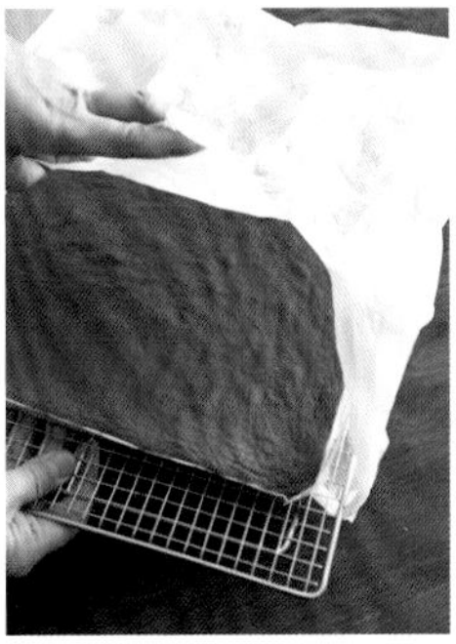

9 馬上將蛋糕從烤盤中取出，放入塑膠袋中放涼。

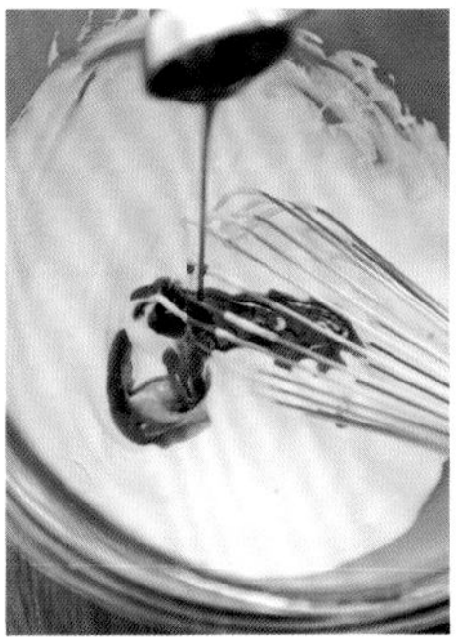

10 以鮮奶油、細砂糖製作七分發的香緹鮮奶油，再加入5大匙焦糖醬。

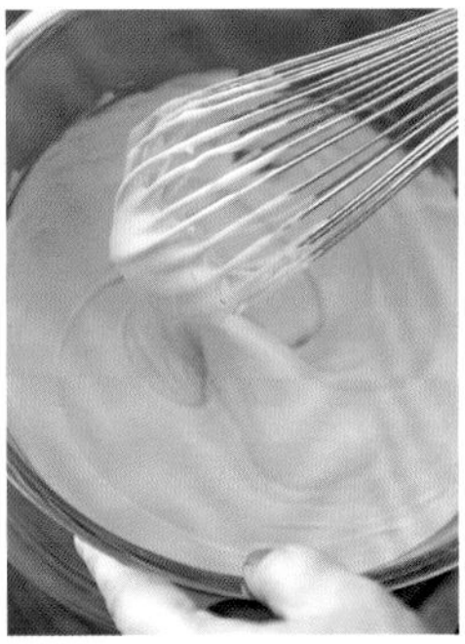

11 以打蛋器攪拌均勻。

12 嚐一下味道，再加入1大匙焦糖醬，充分打發成八分發後加入白蘭地。

13 將海綿蛋糕翻面取下烘焙紙，再翻面讓帶有烤色的那面朝上，塗上步驟**2**的糖液。

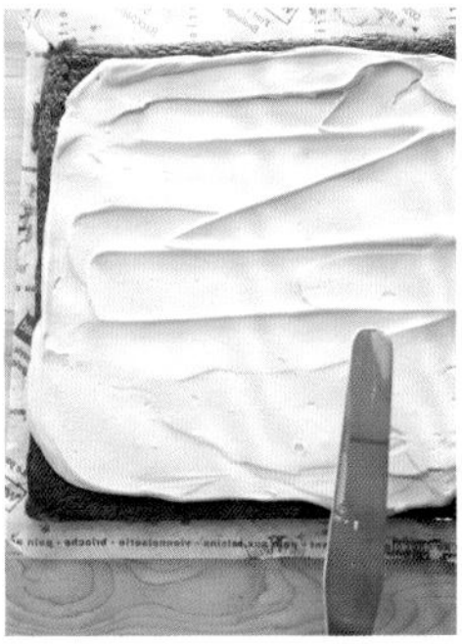

14 放上香緹鮮奶油，用抹刀塗抹均勻。

15 將蛋糕連同烘焙紙往前捲。將烘焙紙與擀麵棍一同拉起，會比較好捲。

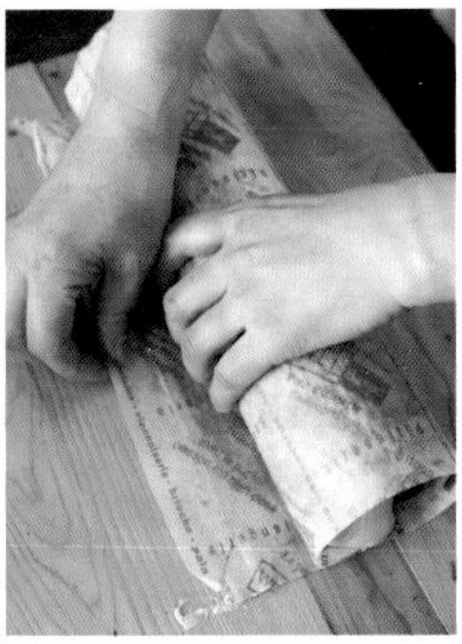

16 捲到底之後用手稍微壓住塑形。

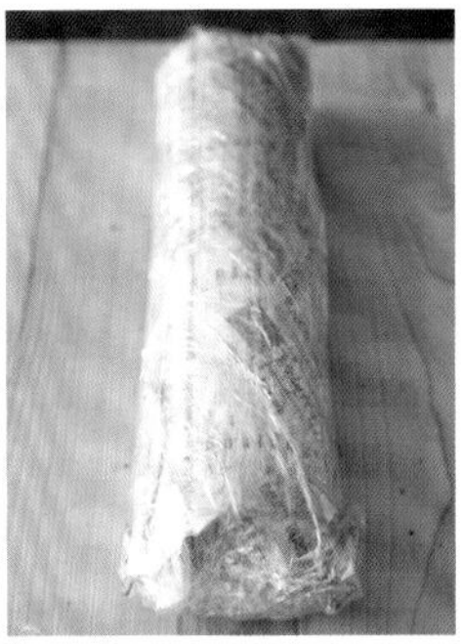

17 用保鮮膜包裹，放入冰箱中冷藏靜置1小時左右。

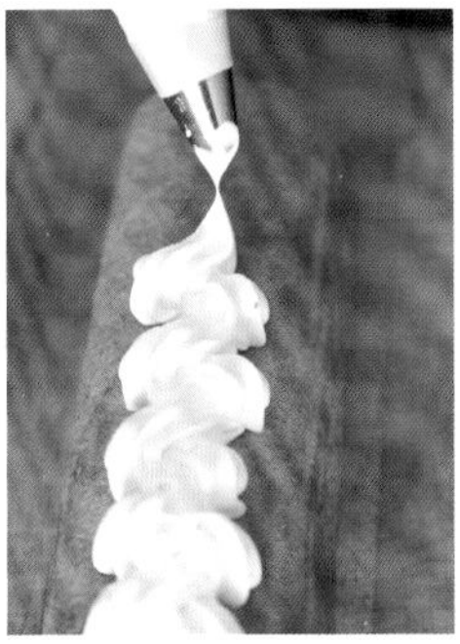

18 拆掉保鮮膜，將裝飾用的香緹鮮奶油填入裝了星形花嘴的擠花袋中，在蛋糕捲上方擠花。

19 以茶篩在蛋糕捲半邊撒上糖粉。

# 維多利亞蛋糕

這款蛋糕的名稱源自於維多利亞女王，是在英國最廣為人知的一種甜點，內容也很單純，是以原味奶油蛋糕加上覆盆子果醬及香緹鮮奶油夾心組成。學生時期，我在英國旅行時暫住在友人家中，朋友的媽媽總是說「下午茶時間不能沒有維多利亞蛋糕」，並端出親手做的蛋糕給我們。因為覆盆子果醬有甜味，所以香緹鮮奶油中就沒有加糖了。雖然這樣的組合就已經非常棒了，但是也可以替換成其他喜歡的果醬，像是草莓醬、檸檬凝乳等帶有酸味的抹醬也很合適。

**材料**：直徑18㎝的圓形烤模1個份

奶油　150g

糖粉　150g

全蛋　150g（3個）

低筋麵粉　150g

泡打粉　1又⅓小匙

**香緹鮮奶油（參照p.10）**

［鮮奶油　150㎖

覆盆子草莓果醬*　200g

**裝飾用**

［糖粉　適量

**＊覆盆子草莓果醬**（容易製作的分量）

將200g覆盆子及100g去除蒂頭的草莓放入鍋中，加入200g細砂糖，使莓果裹滿砂糖之後，靜置30分鐘。接著用稍強的中火加熱，煮沸之後撈除浮沫，用稍弱的中火繼續熬煮。使用廚房紙巾當作落蓋，再蓋上鍋蓋靜置一晚。隔天加入1大匙檸檬汁後將其煮沸再放涼。

**前置準備**

- 奶油退冰至室溫。
- 將蛋打散。
- 低筋麵粉及泡打粉混合過篩。
- 將烤模塗上薄薄的奶油（分量外）後放入冰箱中冷藏，接著撒上高筋麵粉（沒有的話就用低筋麵粉）沾滿之後再倒掉多餘的麵粉。
- 烤箱預熱至180℃。

1 將奶油放入攪拌盆中，加入糖粉，用手持式攪拌機抵著盆底將其攪拌至蓬鬆泛白。

2 分次加入少量蛋液，每次加入後都要充分地將空氣攪拌進去（a）。

3 加入過篩的粉類（b），用橡皮刮刀以切拌的方式攪拌均勻。

4 將麵糊倒入烤模中，並將表面抹平（c）。將烤模在檯面上輕敲2~3次，將空氣排出。

5 放入180℃的烤箱中烘烤25分鐘左右。烤好之後靜置數分鐘再脫模，放到蛋糕冷卻架上放涼（d）。

6 將步驟**5**的蛋糕放上旋轉台，將蛋糕橫切成2片。取下上層的海綿蛋糕，在下層的蛋糕上塗上稍厚的覆盆子草莓果醬。接著再放上滿滿的七分發香緹鮮奶油（e），用抹刀將鮮奶油抹平，再放上上層的蛋糕（f）。

7 最後用茶篩撒上大量的糖粉。

a

b

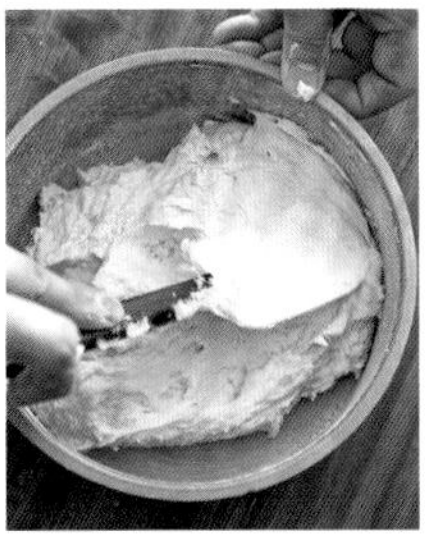
c

d

e

f

# 水果三明治

水果三明治使用的是帶有一點鹹味、鬆軟類型的吐司。搭配的是帶點香甜酒甜味的香緹鮮奶油，另外和鮮奶油蛋糕一樣，為了在切開時有漂亮的斷面，使用的是八分發鮮奶油。考慮到夾心中會有水果的甜味，鮮奶油中的砂糖用量有稍微減少。

請準備有吐司邊的吐司。吐司裡可以盡情地夾進大量的香緹鮮奶油，再將吐司邊切掉，鮮奶油就會流到邊緣，這樣不管從哪邊咬下都能享受到鮮奶油的美味。

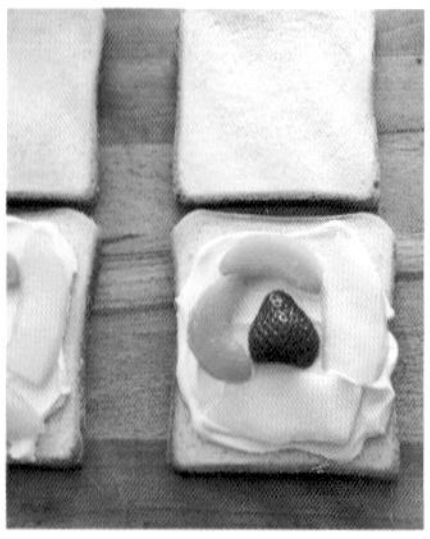
a

b

c

d

e

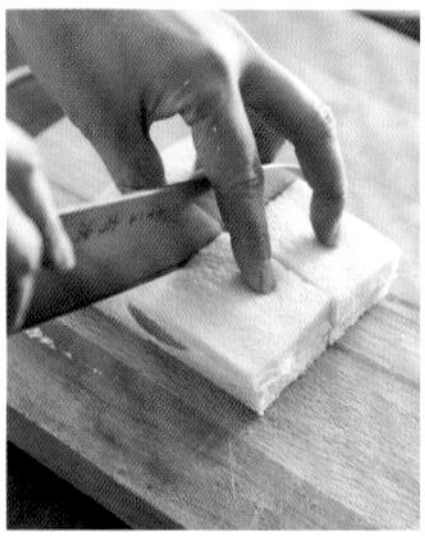
f

**材料**：4人份

吐司（10片分切）　8片

草莓　2顆

哈密瓜　⅛個份

黃桃（罐頭）　對半切的1個

**香緹鮮奶油（參照p.10）**

- 鮮奶油　100mℓ
- 細砂糖　1小匙
- 櫻桃白蘭地或君度橙酒　1小匙

1 準備水果。將草莓去蒂，縱切成一半。哈密瓜切成1㎝厚，黃桃濾掉汁液後切成1㎝厚。將切好的水果排列在鋪了廚房紙巾的調理盤中。

2 將細砂糖加入鮮奶油中打發至六～七分發，加入櫻桃白蘭地，接著繼續打發成八分發的香緹鮮奶油。

3 2片吐司為一組，將一片吐司塗上香緹鮮奶油，在正中間放上草莓，周圍放上哈密瓜及黃桃，排列成切開吐司時可以看見水果的樣子（a）。

4 放上滿滿的香緹鮮奶油，用抹刀一直塗抹到可以蓋住水果的程度（b）。蓋上另一片吐司，用手輕壓，用抹刀將側邊的鮮奶油抹乾淨（c）。

5 用保鮮膜將三明治包好，放在調理盤等容器中，放進冰箱中冷藏靜置30分鐘左右（d）。

6 將吐司邊切掉（e），再用泡過熱水的刀子將三明治切成6等分（f）。每次切完都要用廚房紙巾擦過，重新泡熱水，將水分擦乾再切。

# 水果三明治的變化

　香緹鮮奶油和水果的分配比例可以左右水果三明治的美味程度。這一章節要介紹給各位的是適合與p.14～15介紹的香緹鮮奶油搭配的水果組合。使用的麵包基本上都是白吐司，不過肉桂鮮奶油及優格鮮奶油也很適合搭配加了裸麥或葛縷子的吐司。

　不論是哪一款組合，切開時都能看到排列得很漂亮的水果，不要害怕，請大膽夾入滿滿的香緹鮮奶油吧！

## 白桃優格鮮奶油三明治

- 使用八分發的優格風味香緹鮮奶油（參照p.14）。
- 將1個對半切開的白桃（罐頭）瀝乾水分，切成大約5㎜厚的薄片。
- 將吐司塗上香緹鮮奶油，接著將白桃薄片放在手掌上輕壓使其滑動攤開，放到吐司上。放上大量的香緹鮮奶油後夾起。

## 香蕉香草鮮奶油三明治

- 使用八分發的香草風味香緹鮮奶油（參照p.15）。
- 將3根香蕉切成和吐司一樣的長度。
- 將吐司塗上香緹鮮奶油，放上香蕉，再放上大量的香緹鮮奶油後夾起。

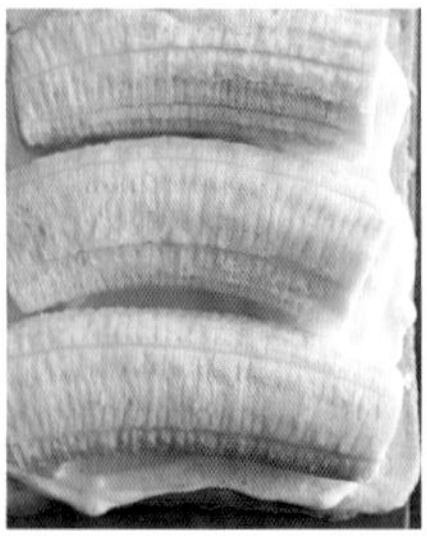

## 草莓豆沙鮮奶油三明治

- 使用八分發的紅豆香緹鮮奶油（參照p.15）。
- 將4～5顆草莓去蒂，縱切一半。
- 將吐司塗上香緹鮮奶油，擺好草莓，再放上大量的香緹鮮奶油後夾起。

## 蘋果肉桂鮮奶油三明治

- 使用八分發的肉桂風味香緹鮮奶油（參照p.15）。
- 將1個蘋果切成瓣狀後去皮，再切成1～2㎜厚的薄片，淋上少許檸檬汁。
- 將裸麥吐司塗上香緹鮮奶油，接著將蘋果薄片放在手掌上輕壓使其滑動攤開，放到吐司上。撒上少許肉桂粉，再放上大量的香緹鮮奶油後夾起。

# 鮮奶油與蛋白霜的美味組合

這個蛋白餅甜點的名稱是源自於俄國的芭蕾女伶——安娜・帕芙洛娃。蛋白餅鬆脆的口感和輕盈柔軟的香緹鮮奶油是個絕妙的搭配。香緹鮮奶油中加入了香草精及玫瑰水，和蛋白餅一起大口吃下，可以感覺口中散發著優雅又柔和的香氣。純白的外觀也是這款甜點獨有的魅力。

製作蛋白餅時不需要模具和擠花袋，只要用湯匙將蛋白霜舀至烤盤上，再抹成圓餅狀。重點是用烤箱低溫慢烤，使其充分乾燥。

a

b

c

d
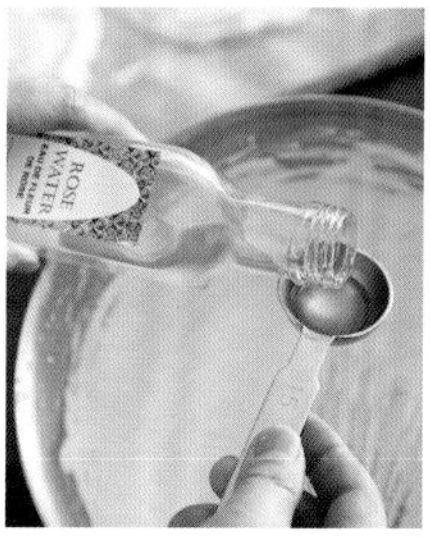


e

f
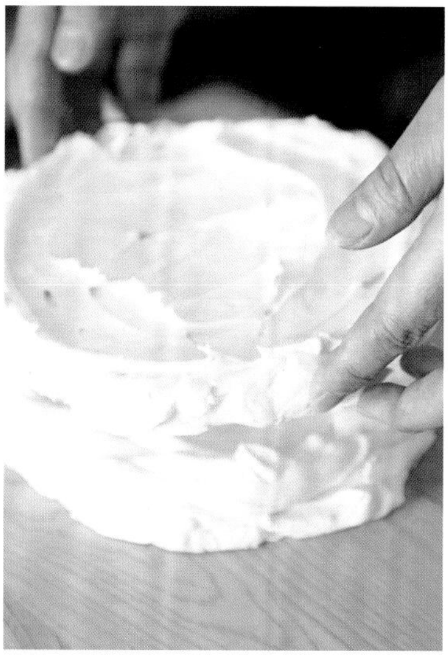

g

# 帕芙洛娃

**材料**：直徑18㎝1個份

**蛋白餅**

- 蛋白　2個份
- 細砂糖　120g

玉米澱粉　1小匙

白酒醋　½小匙

**香緹鮮奶油（參照p.10）**

- 鮮奶油　300㎖
- 糖粉　1大匙
- 香草精　少許
- 玫瑰水*（非必要）　1小匙

**莓果類**

- 黑莓、覆盆子、藍莓等　適量

**＊玫瑰水**

以蒸餾法萃取玫瑰花苞香氣製成的液體，用來增添香氣。可以在烘焙材料行買到。

**前置準備**

- 將蛋白冷藏。
- 烤盤鋪上烘焙紙，用鉛筆等工具畫上2個直徑18㎝的圓形。
- 烤箱預熱至120℃。

**1** 製作蛋白餅。將蛋白放入攪拌盆中，以手持式攪拌機打發至稍微蓬鬆的狀態，分5次加入細砂糖，持續打發至出現光澤，變成扎實的蛋白霜。

**2** 在步驟**1**的蛋白霜中加入玉米澱粉以及白酒醋（**a**），繼續打發使蛋白霜變得更安定。

**3** 用湯匙舀起蛋白霜放到烤盤的圓形上，沿著圓形塗抹（**b**）。靠近中央處做出一點凹陷。用同樣的方式做2個。

**4** 放入120℃的烤箱中，烘烤20分鐘左右，烤至表面凝固變硬。接著調降至100℃，繼續乾烤2~3小時。停止加熱後放在烤箱中靜置一晚使其乾燥（**c**）。

**5** 在鮮奶油中加入糖粉打發，加入香草精及玫瑰水（**d**），製作七分發的香緹鮮奶油。

**6** 在步驟**4**的其中一片蛋白餅上放上滿滿的香緹鮮奶油，用抹刀抹開鋪平（**e**）。

**7** 再放上另一片蛋白餅（**f**），接著放上滿滿的香緹鮮奶油，用抹刀抹開鋪平（**g**）。最後擺上莓果類。

**蛋白霜有剩的話……**

可以填入裝了圓形或星形花嘴的擠花袋中，將其擠到鋪了烘焙紙的烤盤上，像製作帕芙洛娃那樣烘烤。可以搭配大量喜歡的香緹鮮奶油（參照p.14～15）一起享用。將烤好的蛋白餅和乾燥劑一起放入罐子或密封容器中，可以保存2週。

# 用六分發的香緹鮮奶油製作

# 栗子香緹

**材料**：容易製作的分量

**栗子鮮奶油**

- 栗子（帶殼）　1kg
- 細砂糖　300g
- 無鹽奶油　50g
- 牛奶　½杯
- 白蘭地或蘭姆酒　2小匙

**香緹鮮奶油**（參照p.10）

- 鮮奶油　200mℓ
- 細砂糖　2大匙

覆盆子草莓果醬（參照p.29）　適量

蛋白餅（參照p.35）　適量

糖粉　適量

**對於栗子香緹和蒙布朗這種栗子甜點而言，鮮奶油是不可或缺的材料。**

**使用鬆軟的栗子製作出的栗子醬和栗子奶油，會比較有硬度及重量感，因此加入柔滑的六分發鮮奶油進行調配，可以讓甜點的化口性更好，吃起來也比較清爽。**

**栗子奶油中已經帶有白蘭地或蘭姆酒等香甜酒的味道，因此香緹鮮奶油只要用鮮奶油及細砂糖製作就可以了。**

a

b

c

d

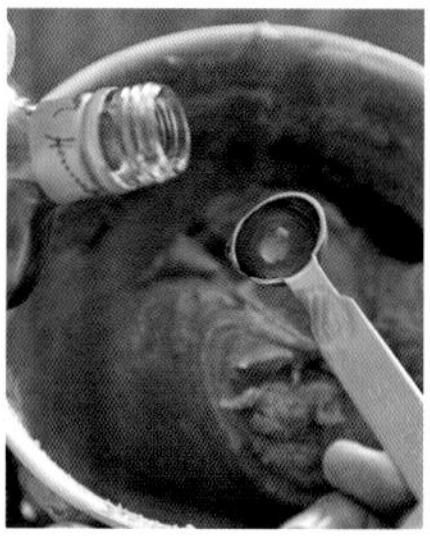

1 製作栗子奶油。用刀子將栗子切出橫向開口。在壓力鍋中放入蒸盤，加水直到蒸盤下方，再將栗子排放在蒸盤上。以大火加熱，發出咻咻的蒸氣聲時轉為小火，繼續加熱6分鐘左右。關火後洩壓取出栗子。用蒸籠取代壓力鍋也可以。

2 去除步驟**1**的栗子外殼及薄膜，用刮板將栗子壓過篩網（**a**），製成栗子泥。

3 將步驟**2**的栗子泥放入鍋內，加入細砂糖、奶油後加熱，用木匙攪拌混合，分次加入少量牛奶（**b**），攪拌到可以滴落的程度（**c**）。攪拌完後再加入白蘭地增添香氣（**d**）。

4 在鮮奶油中加入細砂糖打發，製作六分發的香緹鮮奶油（**e**）。

5 將步驟**3**的栗子奶油盛入器皿中，淋上果醬，可依喜好放上蛋白餅，並在旁邊附上滿滿的香緹鮮奶油。撒上糖粉。

e

# 用七分發的香緹鮮奶油製作

# 古典巧克力蛋糕

有很多甜點光是在旁邊添上鮮奶油，就能讓美味程度加倍，其中法國甜點中的經典——古典巧克力蛋糕可說是首選。

古典巧克力蛋糕的美味之處就在於可可的香氣、苦味、口味及質地，而鮮奶油能將這些特點襯托得更加突出。

古典巧克力蛋糕和鬆軟的七分發香緹鮮奶油一起享用時，可說是無可比擬的美味。香緹鮮奶油中可以加入香甜酒增添風味，不過不加也沒關係。

製作美味古典巧克力蛋糕的訣竅，在於加入蛋白霜後以橡皮刮刀攪拌時不能壓破氣泡。另外還有一點，烤好之後要靜置一晚，隔天再享用。

**材料**：直徑15㎝的圓形烤模1個份

烘焙用巧克力
（可可成分60%以上）　80g
無鹽奶油　70g
蛋黃　3個份
細砂糖　60g
鮮奶油　30㎖
低筋麵粉　15g
可可粉　30g

**蛋白霜**
- 蛋白　3個份
- 細砂糖　90g

糖粉　適量

**香緹鮮奶油（參照p.10）**
- 鮮奶油　200㎖
- 細砂糖　2大匙

**前置準備**
- 低筋麵粉及可可粉混合過篩。
- 在烤模側面及底部鋪上烘焙紙。
- 烤箱預熱至160℃。

a
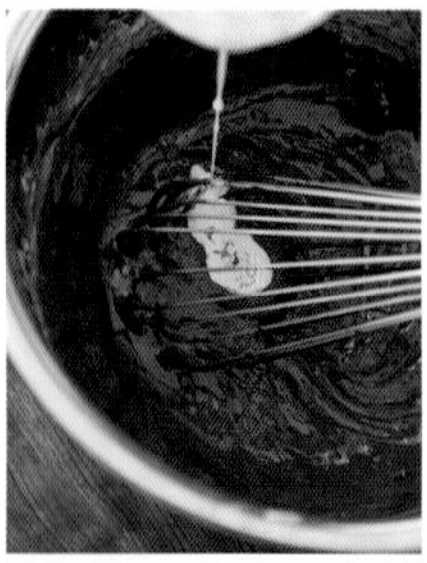

b
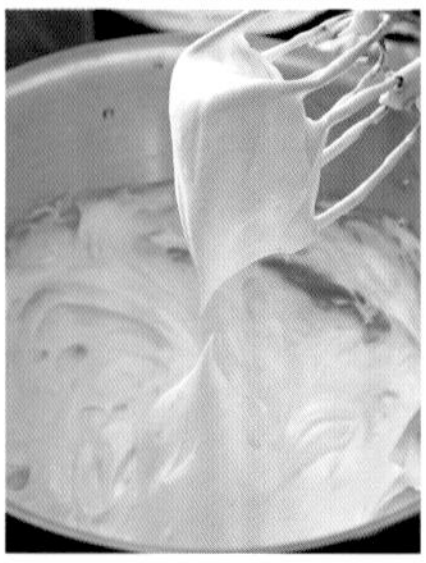

c
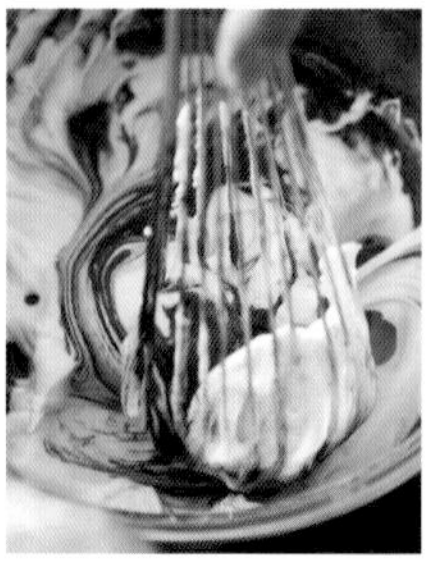

d

e

1 將巧克力切碎放入攪拌盆中，加入奶油，以隔水加熱的方式將其融化。

2 在另一個攪拌盆中放入蛋黃及細砂糖，用打蛋器抵著盆底攪拌至膨脹泛白，接著加入步驟**1**的巧克力糊拌勻。

3 加入鮮奶油攪拌混合（**a**），再加入過篩的粉類攪拌均勻。

4 製作蛋白霜。將蛋白放入攪拌盆中，用打蛋器攪拌至稍微蓬鬆的狀態，一邊分3～4次加入90g細砂糖一邊打發，打成扎實的蛋白霜（**b**）。

5 在步驟**3**的麵糊中加入1/3量的蛋白霜攪拌混合（**c**），加入剩下的蛋白霜時用橡皮刮刀以切拌的方式將整體混合（**d**），注意不要壓破氣泡。

6 將拌好的麵糊倒入烤模中（**e**），連同烤模在檯面上輕敲2～3次將空氣排出，放入160℃的烤箱烘烤40～45分鐘。

7 從烤模中取出蛋糕，放到蛋糕冷卻架上放涼，取下烘焙紙。撒上裝飾的糖粉，在旁邊佐上七分發的香緹鮮奶油。

# 用八分發的香緹鮮奶油製作

細心親手製作的正統布丁吃起來特別美味。

確實煮焦帶有焦香的焦糖醬是收斂整體味道的關鍵。這樣的焦糖醬和甜味柔和的香緹鮮奶油搭配在一起恰到好處。

不用像咖啡店的豪華布丁擺得那麼講究，只要在布丁周圍用星形花嘴擠上一點鮮奶油，看起來就很討喜了。

這裡搭配的是紅酒熬煮的黑櫻桃，帶點成熟大人的味道。

# 卡士達布丁

**材料**：直徑6.5㎝×高4㎝的布丁模
7～8個份
全蛋　3個
蛋黃　2個份
細砂糖　100g
牛奶　500mℓ
香草莢　½條

**焦糖醬**
- 細砂糖　70g
- 水　3大匙

**紅酒黑櫻桃（容易製作的分量）**
- 黑櫻桃（罐頭）　1罐（220g）
- 紅酒　½杯
- 細砂糖　60g
- 香草莢　½條

**香緹鮮奶油（參照p.10）**
- 鮮奶油　150mℓ
- 細砂糖　1又½大匙
- 櫻桃白蘭地　2小匙

**前置準備**
- 瀝乾黑櫻桃的水分。
- 將香草莢縱切一道開口。
- 在布丁模內側塗上薄薄的奶油（分量外）。

d

a

b

c

1 製作紅酒黑櫻桃。將黑櫻桃、紅酒、細砂糖、香草莢放入鍋中加熱，用小火熬煮至水分減少至⅔的量。煮好之後放涼。

2 製作焦糖醬。將細砂糖及1大匙水放入鍋中加熱，煮到鍋子邊緣開始出現焦色時，一邊搖晃鍋子一邊煮焦至變成焦糖色。關火之後馬上加入2大匙水，搖晃鍋子使其溶在一起，並快速地倒入模具底部（a）。

3 將全蛋及蛋黃放入攪拌盆中打散，加入細砂糖攪拌混合。

4 將牛奶及香草莢放入鍋中煮到瀕臨沸騰，再分次加入步驟**3**的蛋液。用手指捏著香草莢，將香草籽擠出來後去除香草莢。將混合好的布丁液過篩。

5 將廚房紙巾蓋在步驟**4**的布丁液表面去除氣泡，再倒入布丁模中（b）。

6 將步驟**5**的布丁模排放在調理盤上，再將調理盤放入烤盤中，倒入熱水至模具¼的高度（c）。以140℃的烤箱蒸烤40～50分鐘，放涼之後再放進冰箱中冷藏。

7 將細砂糖、櫻桃白蘭地加入鮮奶油中打發，製作成八分發的香緹鮮奶油。接著填入裝了星形花嘴的擠花袋中。

8 將布丁從模具中取出，盛入器皿中，在周圍擠上步驟**7**的香緹鮮奶油（d），再擺上紅酒黑櫻桃。

# 用無糖香緹鮮奶油製作

通常香緹鮮奶油都是在鮮奶油中加入砂糖，並依喜好添加香甜酒製成，不過這裡要介紹的是單純將鮮奶油打發、不甜的香緹鮮奶油之應用方法。

以咖啡凍為例，本身已經有加砂糖的咖啡凍，可以搭配不甜的香緹鮮奶油。

另外，若咖啡凍不甜的話，也可以刻意搭配不甜的香緹鮮奶油，再淋上黑糖蜜、蜂蜜或是楓糖漿，享受不同口味的變化。糖煮水果加上新鮮香緹鮮奶油的組合也很推薦。這裡要介紹的是反轉蘋果塔風味的焦糖蘋果。

## 咖啡凍

**材料**：約120㎖的容器4個份

咖啡豆　20g

吉利丁片　6g

黑糖蜜　適量

香緹鮮奶油（參照p.10）

［鮮奶油　100㎖

**前置準備**

- 將吉利丁片放入適量的水（分量外）中泡軟。

1 將咖啡豆磨成粉之後，用300㎖（分量外）的熱水沖泡成咖啡。

2 將步驟**1**的咖啡倒入鍋中重新加熱，關火之後再加入瀝乾水分的吉利丁片使其溶化。

3 放涼之後倒入模具中（**a**），放進冰箱冷藏待其冷卻凝固。

4 將鮮奶油打發，製成八分發的香緹鮮奶油。填入裝了星形花嘴的擠花袋中。

5 待步驟**3**的咖啡凍凝固以後，擠上香緹鮮奶油（**b**），再淋上黑糖蜜。

a

b

**材料**：4人份

蘋果（富士等品種）　2個
細砂糖　250g
檸檬汁　1大匙
水　100㎖
蘋果白蘭地　1大匙

**焦糖醬**

- 細砂糖　100g
- 水　130㎖

**香緹鮮奶油**（參照p.10）

- 鮮奶油　200㎖
- 肉桂粉　適量
- 蘋果白蘭地　1小匙

# 焦糖蘋果

1 製作焦糖醬。將細砂糖及2大匙（30㎖）水放入鍋中加熱，煮到鍋子邊緣開始出現焦色時，一邊搖晃鍋子一邊煮焦至變成焦糖色。關火之後馬上加入其餘100㎖的水，搖晃鍋子使其溶在一起，再繼續加熱，使鍋子底部凝固的焦糖溶解。

2 將蘋果切成8等分的瓣狀後去芯去皮，放入鍋中，加入細砂糖、檸檬汁和水，開火加熱，煮至沸騰後轉成小火，一直煮到蘋果變得透明。

3 將焦糖醬加入步驟**2**的鍋子中（a），蓋上烘焙紙當作落蓋，繼續用小火煮20分鐘左右。關火待其冷卻（b），等整體都吸收焦糖醬之後加入蘋果白蘭地，再放入冰箱中冷藏。

4 在鮮奶油中加入肉桂粉及蘋果白蘭地打發，製成七分發的香緹鮮奶油。

5 將步驟**3**的蘋果盛入器皿中，附上滿滿的香緹鮮奶油。可依喜好撒上肉桂粉。

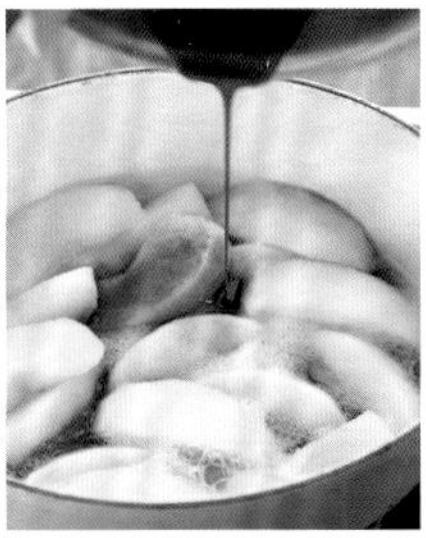
a

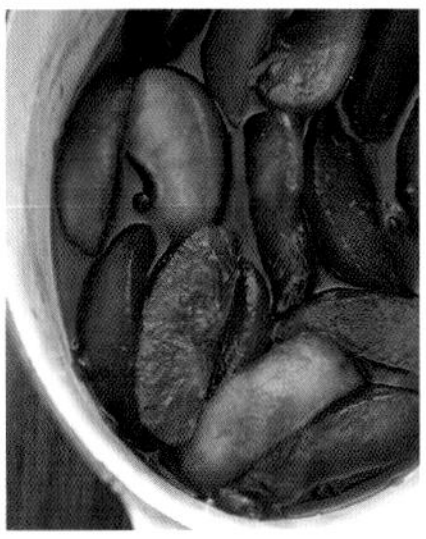
b

# 加入鮮奶油

## 香草芭芭露亞

> 作法在p.46

芭芭露亞是在雞蛋及牛奶製成的英式蛋奶醬中加入鮮奶油製成的甜點。只要加入發泡鮮奶油做出蓬鬆輕盈的口感，芭芭露亞的專屬美味就完成了。

製作芭芭露亞時，重點在於與吉利丁混合的英式蛋奶醬稠度和發泡鮮奶油的稠度要一致。混合均勻才能做出柔滑的口感。

## 奶酪

作法在p.47

奶酪是源自於義大利的一種甜點，原文中的Panna指的是鮮奶油，Cotta則是熬煮的意思。將鮮奶油、牛奶、砂糖混合，增添香草等風味熬煮過後，加入吉利丁使其凝結成凍。

和芭芭露亞不一樣的是鮮奶油不用打發，稍微熬煮過的濃郁滋味是奶酪的特色。

我個人喜歡加上檸檬皮增添清爽的感覺，不過換成橙皮、迷迭香葉增添香氣也不錯。最後再用和奶酪一樣純白的香緹鮮奶油點綴就完成了。

# 香草芭芭露亞

**材料**：12×18×高8㎝的芭芭露亞模具1個份

牛奶　400mℓ

香草莢　1條

蛋黃　3個份

細砂糖　80g

吉利丁片　7g

君度橙酒　2小匙

鮮奶油　150mℓ

**香緹鮮奶油（參照p.10）**

- 鮮奶油　$\frac{1}{2}$杯
- 細砂糖　2小匙

**前置準備**

- 將吉利丁片放入適量的水（分量外）中泡軟。
- 將香草莢縱切一道開口。

1 將牛奶及香草莢放入鍋中加熱，煮到瀕臨沸騰。關火後，用手指捏著香草莢，將香草籽擠出來後去除香草莢。

2 將蛋黃及細砂糖放入攪拌盆中，用打蛋器打發至膨脹泛白的狀態，接著一邊分次加入少量的**1**一邊攪拌，最後再倒入鍋中。

3 以中火加熱步驟**2**的蛋奶醬，煮至稍微出現濃稠感（a）後關火，加入瀝乾水分的吉利丁片使其溶解。一邊過濾一邊倒入攪拌盆中（b）。在攪拌盆底墊冰水，一邊降溫一邊攪拌至出現濃稠感（c）。加入君度橙酒。

4 在另一個攪拌盆中放入鮮奶油，盆底墊冰水，用打蛋器打發成和步驟**3**差不多的濃稠度。

5 在步驟**3**的蛋奶醬中加入$\frac{1}{3}$分量步驟**4**的發泡鮮奶油，充分攪拌混合，再加入其餘發泡鮮奶油攪拌均勻（d）。

6 用水沾濕模具內側後倒入步驟**5**的液體（e），放入冰箱中冷藏2小時以上，待其凝固。取出後將模具底部快速地沾一下熱水就能脫模（f），盛入器皿中。

7 在鮮奶油中加入細砂糖打發，製成七分發的香緹鮮奶油。填入裝了星形花嘴的擠花袋中，在芭芭露亞周圍和上方擠花裝飾。

a

b

c

d

e

f

a

b

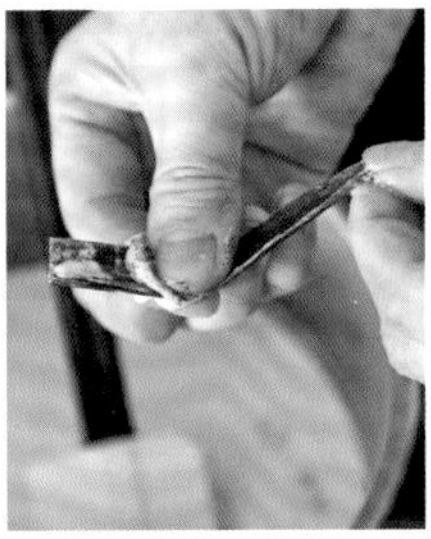
c

d

e

f

# 奶酪

**材料**：150㎖的容器 6個份

鮮奶油　300㎖
牛奶　250㎖
細砂糖　60g
檸檬皮（無蠟）　1個份
香草莢　1條
吉利丁片　6.5g

**焦糖醬（容易製作的分量）**

- 細砂糖　100g
- 水　130㎖

**香緹鮮奶油（參照p.10）**

- 鮮奶油　100㎖
- 細砂糖　2小匙

**前置準備**

- 將吉利丁片放入適量的水（分量外）中泡軟。
- 將香草莢縱切一道開口。
- 削下薄薄的檸檬皮。取出少許切成細絲作為裝飾用。

1 製作焦糖醬。將細砂糖及2大匙水放入鍋中加熱，煮到鍋子邊緣開始出現焦色時，一邊搖晃鍋子一邊煮焦至變成焦糖色。關火後馬上加入其餘100㎖的水，再次開火加熱，使鍋子底部凝固的焦糖溶解（a）。

2 將鮮奶油、牛奶、細砂糖、檸檬皮及香草莢放入鍋中煮至沸騰後轉成小火，繼續熬煮大約10分鐘（b）。關火，用手指捏著香草莢，將香草籽擠出來放回鍋中後（c），去除香草莢。

3 將泡軟的吉利丁片放入步驟**2**的奶酪液中，利用餘熱使其溶解（d）。

4 將步驟**3**的奶酪液濾入攪拌盆中，在攪拌盆底墊冰水，一邊用橡皮刮刀攪拌，一邊待其冷卻凝結成略帶濃稠的液狀（e）。倒入容器中（f），放進冰箱中冷藏使其凝固。

5 在鮮奶油中加入細砂糖打發，製成七分發的香緹鮮奶油。放在步驟**4**的奶酪上，淋上焦糖醬，佐上檸檬皮細絲。

# 卡士達醬

卡士達醬可以說是蛋做成的奶油醬。
飽含蛋黃的醇厚、香氣及滋味的卡士達醬，
運用在甜點中更是大明星般的主角。
其中最具代表性的泡芙，
其外皮和卡士達醬合作無間，
除此之外，與法式海綿蛋糕和塔皮之類組合時，
在口感及味道上也取得了極佳的平衡。
在家自製的卡士達醬，吃起來更加美味。
本篇將帶領各位進入卡士達醬的世界。

# 製作卡士達醬的材料及用具

## 基礎卡士達醬

**材料**：約650g分量
蛋黃　6個份
牛奶　500mℓ
細砂糖　150g
香草莢　½條
低筋麵粉　50g
無鹽奶油　30g
喜歡的香甜酒
（這裡是用柑曼怡橙酒）
2小匙

## 製作卡士達醬的用具

**調理盤**

用來放置煮好的卡士達醬，待其冷卻。小尺寸會需要比較長的冷卻時間，請準備22×28㎝左右的調理盤。

**攪拌盆1個**

建議使用深型的攪拌盆。並選用導熱係數較高，可以有效降溫的不鏽鋼材質。

**鍋子**

卡士達醬需要熬煮製作，所以需要鍋子。要製作上述分量的卡士達醬，需要準備直徑20㎝左右的鍋子。

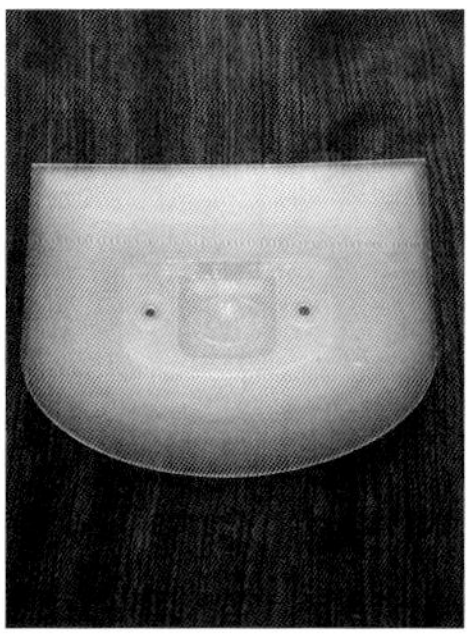

**刮板**

最後過濾卡士達醬時需要使用刮板。因為刮板比橡皮刮刀硬，比較容易將卡士達醬壓過篩網，接觸面積也比木匙寬，比較好施力。用手握住平的那一邊，以圓弧狀的那一邊刮壓。

**細網平底粉篩、粗網平底粉篩**

過篩麵粉、過濾麵糊時使用細網，最後過濾卡士達醬時使用粗網。

**橡皮刮刀**

因為要攪拌、集中麵糊，經常遇到需要彎曲的情況，所以要準備橡皮具有彈力、末端有一定柔軟度的刮刀。

**打蛋器**

請準備鋼線數量較多、弧度較大且有彈性，握把也好拿的打蛋器。

# 卡士達醬的作法

**前置準備**

- 將香草莢縱切一道開口。
- 低筋麵粉過篩。
- 奶油退冰至室溫軟化。

**1** 將牛奶、香草莢放入鍋中加熱，煮到瀕臨沸騰時關火。

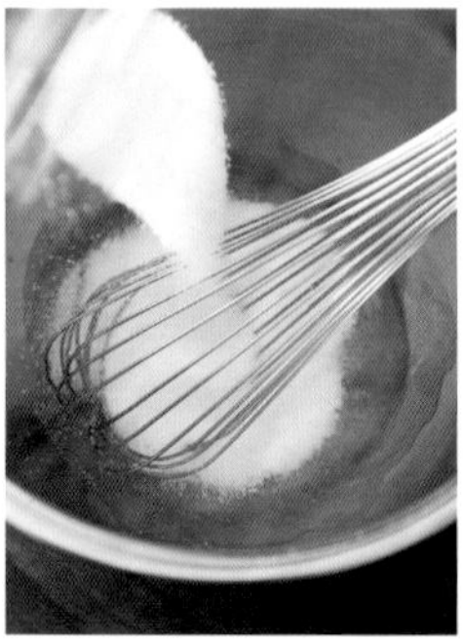

**2** 將蛋黃放入攪拌盆中用打蛋器打散，加入細砂糖，攪拌到泛白。

**3** 在**2**中加入低筋麵粉攪拌混合。

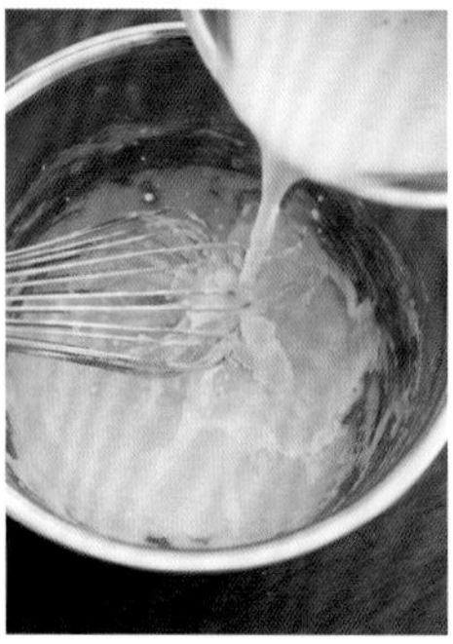

**4** 將$\frac{1}{4}$分量步驟**1**的香草牛奶加入步驟**3**的麵糊中。注意不要一次全部倒入。

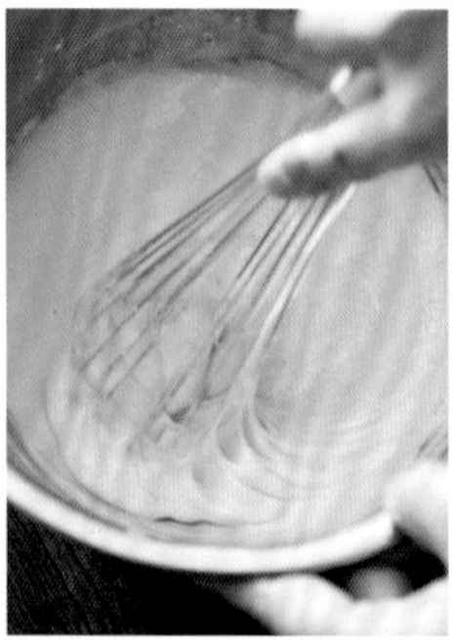

**5** 用打蛋器攪拌均勻。

**6** 繼續加入剩餘的**1**攪拌混合。

**7** 以細網平底粉篩濾回鍋中。

**8** 將香草莢中的種籽擠入鍋中，拋棄外層的香草莢。

**9** 以中火加熱步驟**8**的麵糊，一邊用橡皮刮刀攪拌一邊煮至出現濃稠感。

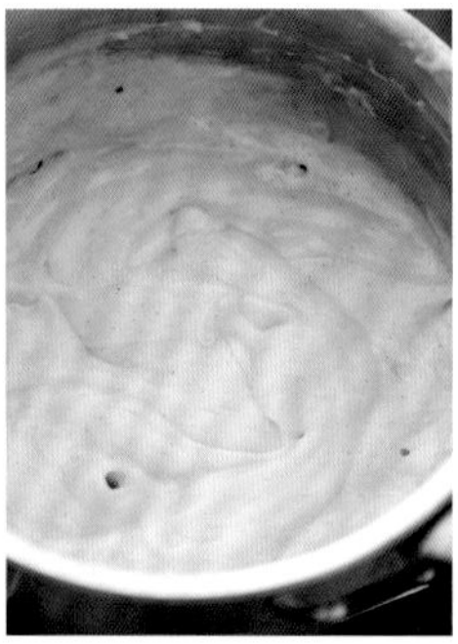

**10** 煮到開始冒泡、變得滑順，出現光澤後就可以關火了。

**想要讓卡士達醬帶點口感的時候，我不會加玉米澱粉，而是用低筋麵粉增加濃稠度，再加入奶油增添香醇感，讓成品更加濃郁。**

**另外，加入香草及香甜酒可以讓卡士達醬的口味更加豐富。**

**我通常會使用柑曼怡橙酒作為基本的香甜酒，若要搭配莓果類的話就會使用櫻桃白蘭地，檸檬則是搭配君度橙酒，香蕉則是使用蘭姆酒等等，可以依照搭配的水果區分使用不同的香甜酒。**

11 將煮好的卡士達醬倒在調理盤中攤平。

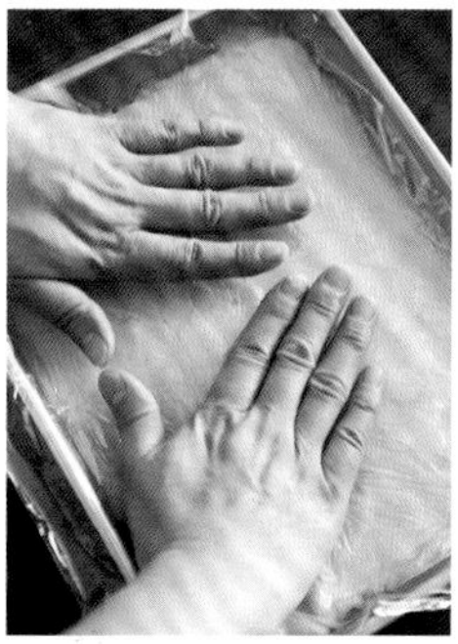

12 上方用保鮮膜緊貼，靜置放涼。

13 將卡士達醬放在粗網平底粉篩上，用刮板刮壓過篩。

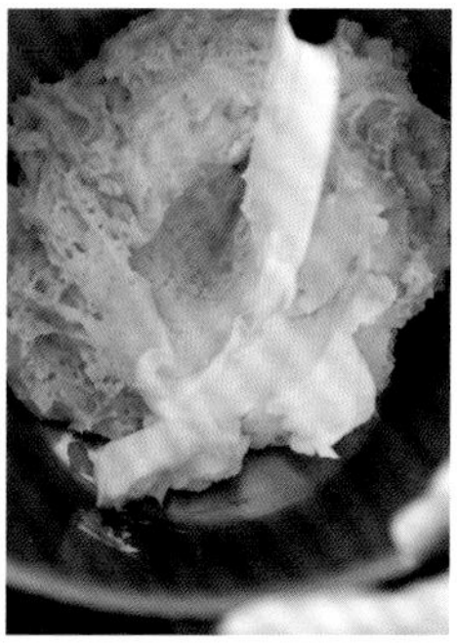

14 將13放入盆中，加入軟化的奶油攪拌混合。

15 加入柑曼怡橙酒攪拌混合。

16 完成之後放入冰箱冷藏。

改變口味及顏色

# 卡士達醬的變化

作法在p.52

橙香卡士達醬

檸檬卡士達醬

開心果卡士達醬

香料奶茶卡士達醬

# 卡士達醬的變化

### 橙香
### 卡士達醬

將200g基礎卡士達醬放入攪拌盆中，加入$\frac{1}{2}$個份的橙皮末及1大匙橙汁攪拌均勻。

### 檸檬
### 卡士達醬

將200g基礎卡士達醬放入攪拌盆中，加入$\frac{1}{2}$個份的檸檬皮末、4大匙糖粉及2大匙檸檬汁攪拌均勻。

### 開心果
### 卡士達醬

將200g基礎卡士達醬放入攪拌盆中，加入20～25g開心果醬（市售）攪拌均勻。

### 香料奶茶
### 卡士達醬

將200g基礎卡士達醬放入攪拌盆中，加入$\frac{1}{2}$小匙肉桂粉、$\frac{1}{6}$小匙小荳蔻粉和$\frac{1}{6}$小匙丁香粉攪拌均勻。

# 泡芙的作法

## 卡士達醬的好搭檔

**材料**：15～18個份

無鹽奶油　60g

牛奶　60mℓ

水　60mℓ

鹽　3g

細砂糖　1小匙

低筋麵粉　40g

高筋麵粉　30g

全蛋　2又$\frac{1}{2}$～3個

**前置準備**

- 低筋麵粉及高筋麵粉混合過篩。
- 蛋充分打散。
- 烤盤鋪上烘焙紙。
- 烤箱預熱至190℃。

**1** 將奶油、牛奶、水、鹽、細砂糖放入鍋中以中火加熱，融化奶油。

**2** 快要煮沸前關火，將過篩的粉類一次全部加入。

**3** 再次以中火加熱，為避免結塊，用木匙快速地攪拌到沒有粉粒感。

**4** 將麵團集中成一團，加熱到鍋底出現一層麵團的薄膜時就可以關火，將麵團移入攪拌盆中。

**5** 分次加入少許蛋液，同時用木匙攪拌混合。

**6** 用木匙將麵糊撈起時，麵糊會形成三角狀滴落的軟硬度時，就不用再加蛋液了。

**7** 將麵糊填入裝了圓形花嘴的擠花袋中，在烤盤上保持間隔，擠出直徑4㎝左右的圓形。

**8** 用叉子背面沾取剩餘的蛋液，輕壓在麵糊上方。

**9** 放入190℃的烤箱中烘烤15分鐘左右，烤到膨脹並開始出現烤色之後，將溫度調降至180℃，繼續烤15～20分鐘，烤到裂痕也出現明顯的烤色就烤好了。取出放在蛋糕冷卻架上放涼。

# 填入卡士達醬開心享用

泡芙的外皮要帶一點鹽巴的鹹味，並加入高筋麵粉烤出酥脆的口感！這是我製作卡士達泡芙的必要條件。

突顯卡士達醬的風味、香氣及口味固然重要，不過泡芙的質地也是很重要的關鍵。

讓泡芙更美味的祕訣就在於要吃之前才夾入卡士達醬。以下要介紹3種泡芙，包括單純的卡士達醬，卡士達醬與香緹鮮奶油的混合餡，以及卡士達醬和香緹鮮奶油相疊的雙層餡。

# 用加入香緹鮮奶油的卡士達醬製作

這道點心原本是利用剩餘的海綿蛋糕和水果，製作成英式甜點。讓海綿蛋糕吸滿添加了香甜酒的糖液，搭配2～3種季節水果，再加入與香緹鮮奶油混合的卡士達醬就完成了。

因為糖液中就有加入香甜酒，所以卡士達醬跟香緹鮮奶油就不用再加香甜酒了。

雖然做好之後馬上就可以吃，不過放入冰箱中冷藏1小時左右，讓整體味道融合在一起，吃起來會更加美味。

## 查佛蛋糕

＞ 作法在p.57

**材料**：15個份
卡士達醬（參照p.50）　適量
香緹鮮奶油（參照p.10）　適量
泡芙外皮（參照p.53）　15個
糖粉　適量

# 3種泡芙

1 從泡芙外皮的上半部⅓處切開，切下來的部分當作蓋子。

2 將卡士達醬放入攪拌盆中，以打蛋器攪拌至卡士達醬變得滑順。

3 在鮮奶油中加入細砂糖打發，製成七分發的香緹鮮奶油。

## A 純卡士達醬

4 將適量的卡士達醬填入裝了星形花嘴的擠花袋中，在5個泡芙皮上擠滿卡士達醬（a），接著蓋上蓋子。

## B 卡士達醬與香緹鮮奶油的混合餡

5 將卡士達醬及香緹鮮奶油以3：1的比例放入攪拌盆中，以打蛋器攪拌混合（b）。填入裝了圓形花嘴的擠花袋中，在5個泡芙皮上擠滿混合餡料（c），接著蓋上蓋子。

## C 卡士達醬和香緹鮮奶油相疊的雙層餡

6 將適量的卡士達醬填入裝了圓形花嘴的擠花袋中，在5個泡芙皮上擠上卡士達醬。接著將香緹鮮奶油填入裝了星形花嘴的擠花袋中，擠在卡士達醬上，蓋上蓋子。

a

b

c

d

a

b

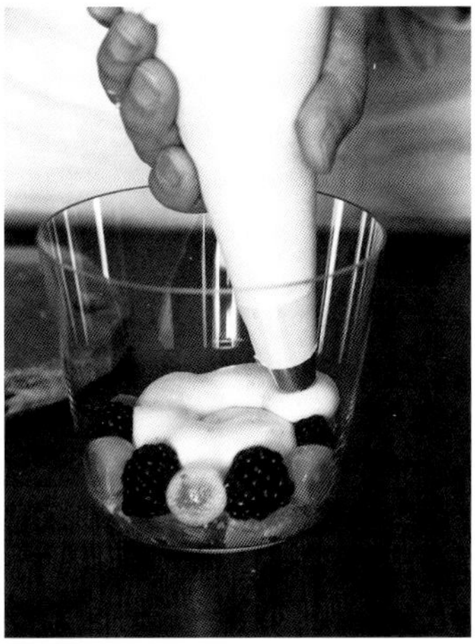
c

d

# 查佛蛋糕

**材料**：容易製作的分量

卡士達醬（參照p.50）　200g

**香緹鮮奶油（參照p.10）**

- 鮮奶油　250mℓ
- 細砂糖　2大匙

**糖液**

- 水　150mℓ
- 細砂糖　80g
- 君度橙酒　1又½大匙

海綿蛋糕（參照p.20）

1cm厚的蛋糕2～3片

香蕉　1根

黑莓　6～7顆

麝香葡萄　10顆

1. 製作糖液。將水、細砂糖放入鍋中加熱，待細砂糖溶解後關火。放涼後加入君度橙酒。
2. 香蕉切成容易入口的厚度，麝香葡萄切一半。
3. 在鮮奶油中加入細砂糖打發，製成七分發的香緹鮮奶油。
4. 將卡士達醬放入攪拌盆中，以打蛋器攪拌滑順，加入⅓分量步驟**3**的香緹鮮奶油拌勻。填入裝了圓形花嘴的擠花袋中。
5. 將海綿蛋糕切成方便填塞的尺寸，填入器皿中（**a**），用毛刷塗上大量的糖液（**b**）。放入一半分量的麝香葡萄及黑莓排列好，再擠滿卡士達醬（**c**）。
6. 接著再放上海綿蛋糕，塗上糖液，並將香蕉的切面貼著器皿的側面排放，再擠入大量的卡士達醬（**d**）。
7. 將剩餘的葡萄切面貼著器皿側面排放，擠上香緹鮮奶油就完成了。放入冰箱中冷藏1小時以上。

## 胖比（法式夾心蛋糕）

＞ 作法在p.60

# 用橙香卡士達醬製作

胖比這個名字結合了日文的麵包（パン，發音為pan）＋法式海綿蛋糕（biscuit）的意思，指的是鄉村麵包形狀的海綿蛋糕甜點。法式海綿蛋糕體具有表面酥脆、內層鬆軟的特色，不需要模具，可以直接將麵糊放在烤盤上烘烤。裡面夾入了大量的卡士達醬，怎麼可能會不好吃呢？

當然，使用基礎卡士達醬也可以，不過我個人喜歡帶有水果香氣的橙香卡士達醬。

檸檬塔 ＞ 作法在p.61

# 用檸檬卡士達醬製作

香酥厚實的塔皮和香醇濃郁的卡士達醬堪稱黃金拍檔。這裡的作法是以*油酥塔皮（Brisée）做出塔的基底，再與檸檬卡士達醬組合而成。

雖然也可以使用大尺寸的塔模製作，不過因為卡士達醬的檸檬香氣及酸味比較強烈，所以小尺寸在味道上會比較和諧。最後可以點綴上八分發的香緹鮮奶油，增添一些濃郁的滋味。

*塔皮的一種。特徵是甜度低，口感輕盈。

# 胖比

## （法式夾心蛋糕）

**材料**：直徑約18㎝1個份

**蛋白霜**

- 蛋白　3個份
- 細砂糖　70g

蛋黃　3個份

低筋麵粉　85g

糖粉　適量

高筋麵粉　適量

橙香卡士達醬（參照p.52）　300g

**前置準備**

- 低筋麵粉過篩。
- 烤盤鋪上烘焙紙。
- 烤箱預熱至180℃。

1 製作蛋白霜。將蛋白放入攪拌盆中，以手持式攪拌機打發至稍微蓬鬆的狀態，分2~3次加入細砂糖，充分打發至出現光澤（a）。

2 在步驟1的蛋白霜中加入打散的蛋黃，用橡皮刮刀輕輕攪拌，出現大理石紋後，加入過篩的低筋麵粉，快速攪拌混合（b）。

3 將拌好的麵糊在烤盤上堆成山形（c），撒上大量糖粉，再篩上一些高筋麵粉。用抹刀劃出格線（d）。

4 以180℃的烤箱烘烤20分鐘左右（e）。烤好之後放涼。

5 橫向切半，在切面放上大量的橙香卡士達醬，用抹刀抹平（f），再將上層蓋回去。

6 盛入器皿中，再撒上糖粉。

a

b

c

d

e

f

# 檸檬塔

c

a

d

b

**材料**：直徑6㎝的圓形烤模或長7㎝的船形塔模10～11個份

**油酥塔皮**

- 低筋麵粉　200g
- 無鹽奶油　100g
- 細砂糖　50g
- 鹽　3g
- 蛋黃　1個份
- 冷水　50～60㎖

**檸檬卡士達醬**

（參照p.52）　200g

**香緹鮮奶油（參照p.10）**

- 鮮奶油　100㎖
- 細砂糖　1小匙

**裝飾用**

- 檸檬薄片、開心果碎粒　各少許

**前置準備**

- 奶油切成1㎝丁狀，放入冰箱冷藏。
- 烤箱預熱至180℃。

1 製作油酥塔皮。將低筋麵粉、細砂糖、鹽放入食物調理機中大概攪拌一下，再加入奶油攪拌到呈現鬆散的細粒狀（a）。

2 蛋黃與冷水攪拌混合，一邊分次少量地加入步驟**1**中，一邊攪拌至全部聚集成一團（b）。取出麵團，用保鮮膜包裹（c），放入冰箱中冷藏靜置1小時以上。

3 將步驟**2**的麵團放在撒了手粉（高筋麵粉。分量外）的檯面上，以擀麵棍將面積擀到比模具大一圈，厚度為3㎜。

4 在烤模中塗上薄薄的奶油（分量外），將步驟**3**的塔皮壓入烤模中貼合，切除多餘的塔皮。接著在塔皮鋪上一層烘焙紙後放上重石，排列在烤盤上（d）。以180℃的烤箱盲烤25～30分鐘。烤完之後取下重石及烘焙紙，放涼。

5 將檸檬卡士達醬填入裝了圓形花嘴的擠花袋中，擠入步驟**4**的塔皮內（e）。

6 在鮮奶油中加入細砂糖後打發，製成八分發香緹鮮奶油。選擇喜歡的星形花嘴裝到擠花袋上，再填入香緹鮮奶油，在檸檬卡士達醬上擠花，最後放上切小片的檸檬及開心果碎屑裝飾。

e

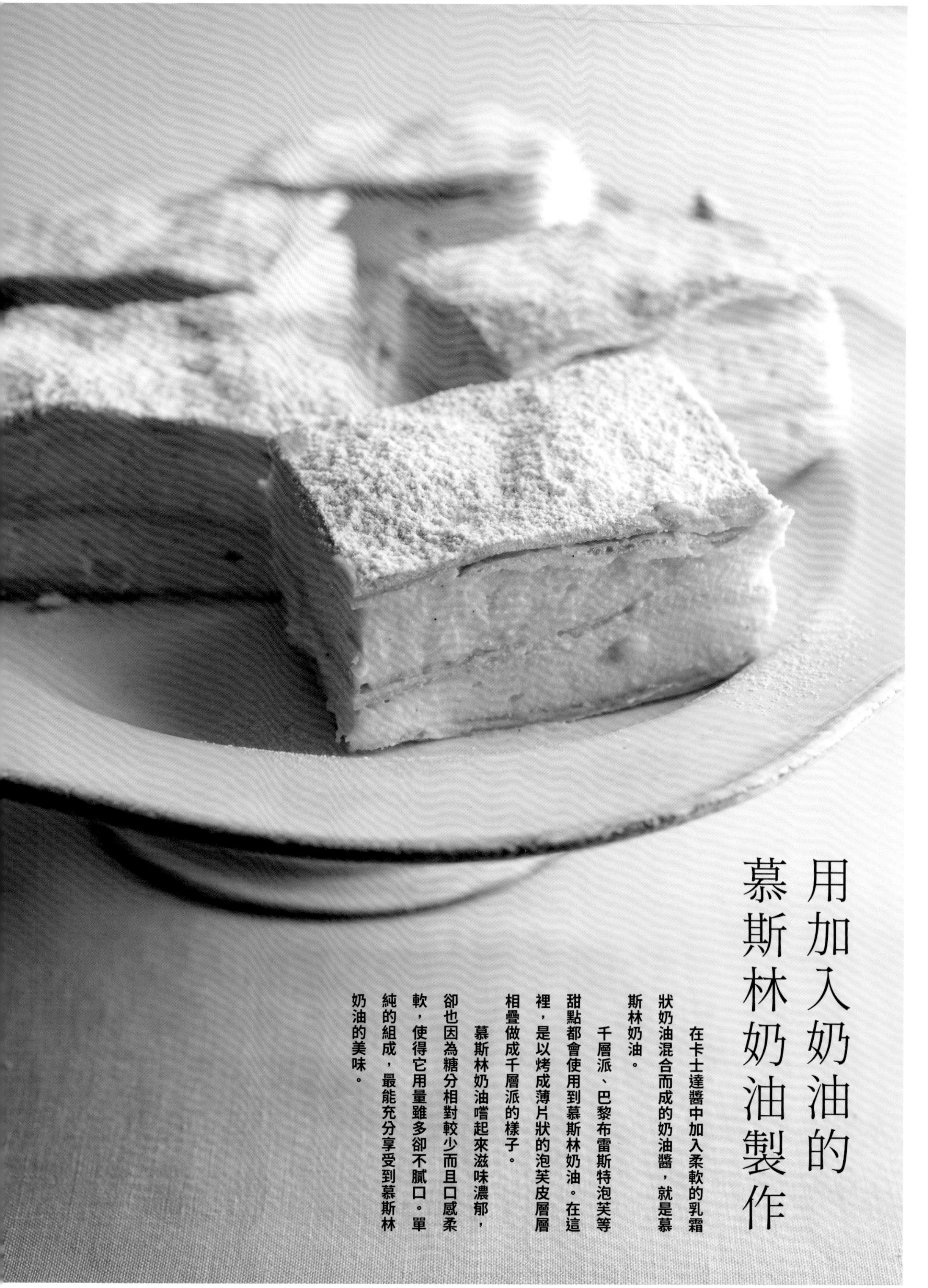

# 用加入奶油的慕斯林奶油製作

在卡士達醬中加入柔軟的乳霜狀奶油混合而成的奶油醬，就是慕斯林奶油。

千層派、巴黎布雷斯特泡芙等甜點都會使用到慕斯林奶油。在這裡，是以烤成薄片狀的泡芙皮層層相疊做成千層派的樣子。

慕斯林奶油嚐起來滋味濃郁，卻也因為糖分相對較少而且口感柔軟，使得它用量雖多卻不膩口。單純的組成，最能充分享受到慕斯林奶油的美味。

c

a

b

# 千層泡芙

**材料**：15×15㎝的方形圈模1個份

泡芙皮

- 無鹽奶油　60g
- 牛奶　60mℓ
- 水　60mℓ
- 鹽　3g
- 細砂糖　1小匙
- 低筋麵粉　40g
- 高筋麵粉　30g
- 全蛋　2又½～3個

慕斯林奶油

- 卡士達醬（參照p.50）　全量
- 無鹽奶油　180g
- 蘭姆酒　1大匙

糖粉　適量

**前置準備**

- 低筋麵粉過篩。
- 烤盤鋪上烘焙紙。
- 烤箱預熱至190℃。
- 慕斯林奶油使用的奶油要退冰至室溫。

1 參照p.53的作法步驟**1**～**6**製作泡芙麵糊，將做好的麵糊移到烤盤上，以擀麵棍擀成32×32㎝。以190℃的烤箱烘烤20分鐘左右並放涼（**a**），之後切成15×15㎝。這份食譜中會使用3片。

2 製作慕斯林奶油。將奶油放入攪拌盆中以打蛋器攪拌至泛白（**b**）。

3 在另一個攪拌盆中放入卡士達醬，以打蛋器攪拌至滑順，將步驟**2**的奶油分次少量地加入攪拌（**c**），再加入蘭姆酒攪拌成滑順的乳霜狀，填入裝了圓形花嘴的擠花袋中。

4 將圈模放在調理盤上，放入一片泡芙皮，將**3**的奶油餡以直線擠入填滿（**d**）。接著蓋上一片泡芙皮（**e**），用同樣的方式再次擠入奶油餡，再蓋上一片泡芙皮。覆蓋保鮮膜後，放入冰箱冷藏2小時以上。

5 撒上大量糖粉，利用抹刀幫助脫模（**f**），切成方便享用的大小。

e

f

d

# 用卡士達醬製作三明治

使用香緹鮮奶油製作三明治時不能沒有水果的搭配，不過用卡士達醬做三明治時，卡士達醬本身就是主角。它具有雞蛋的風味又有彈性，存在感強烈，再配上麵包的風味及口感，光是這樣便足以作為一道完整的甜點。

另外，因為卡士達醬是熬煮製成的奶油醬，所以重新加熱也很好吃。做成熱壓三明治更能突顯它的香氣。

## 卡士達三明治

**材料**：2人份

吐司（8片分切）　4片

卡士達醬（參照p.50）　70～80g

開心果卡士達醬（參照p.52）　70～80g

1 吐司2片為一組，其中一片塗上卡士達醬，另一片塗上開心果卡士達醬（a），分別夾起。

2 用保鮮膜確實包裹（b），置於調理盤上，放進冰箱冷藏30分鐘左右。

3 切除吐司邊，用泡過熱水加溫的刀分切。

a

b

## 香料奶茶卡士達熱壓三明治

**材料**：2人份

吐司（8片分切）　4片

香料奶茶卡士達醬（參照p.52）　100g

1 將一片吐司放在夾式三明治烤盤（Bauru）或熱壓三明治機中，塗上厚厚的香料奶茶卡士達醬，再放上另一片吐司壓住（如照片），蓋上蓋子。

2 將兩面烤至金黃酥脆後取出。用同樣的方式製作另一份熱壓吐司，分切成一半。

# 奶油霜

經典的西式點心中，
經常會使用奶油霜（buttercream）。
有些甜點是加入蛋黃及牛奶製的英式蛋奶醬，
還有些是加入起酥油製成。
不過隨著優質的奶油愈來愈容易取得，
可以品嚐到奶油風味的
香濃奶油霜也很受到喜愛。
其香醇濃郁的滋味
和海綿蛋糕、奶油蛋糕、
沙布蕾都能搭配得宜。

# 製作奶油霜的材料及用具

## 基礎奶油霜有2種

以下介紹2種基本的奶油霜。

第一種是義式蛋白奶油霜，使用蛋白做出白色且輕盈的口感，是種萬用的奶油霜。另外一種是炸彈奶油霜，使用全蛋及蛋黃做出黃色且香醇濃郁的滋味，可以充分品嚐到奶油的風味。

**義式蛋白奶油霜**

**材料**（200g奶油的量）
無鹽奶油　200g
蛋白　60g
細砂糖　130g
水　40mℓ

**炸彈奶油霜**

**材料**（200g奶油的量）
無鹽奶油　200g
蛋黃　2個份
全蛋　1個
細砂糖　100g
水　40mℓ

## 製作奶油霜的用具

**鍋子**

隔水加熱蛋黃或是熬煮糖液時會用到。要製作上述分量的奶油霜必須使用直徑16cm左右的尺寸。

**攪拌盆3個**

要準備製作奶油霜的攪拌盆、打發奶油及蛋白的攪拌盆，以及放冰水的攪拌盆共3個。製作奶油霜及打發用的攪拌盆，建議使用有一定深度的不鏽鋼攪拌盆。

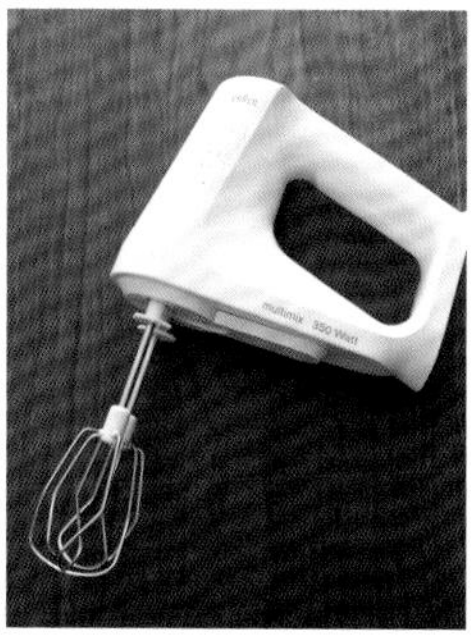

**手持式攪拌機**

將蛋白霜及奶油打發時，手持式攪拌機絕對比打蛋器快又方便。

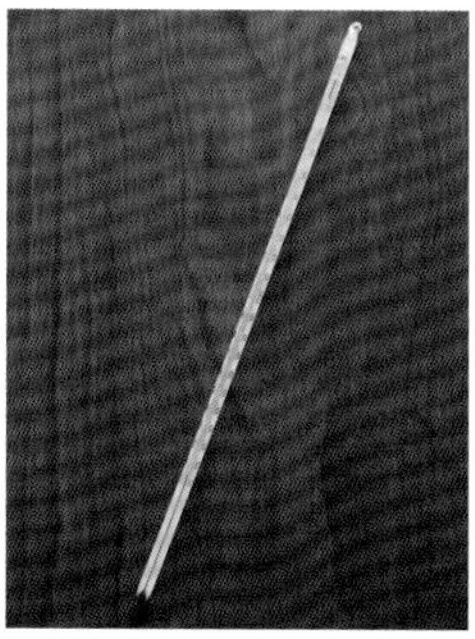

**溫度計**

正確測量鍋中糖液的溫度時使用。使用的是料理、烘焙用的棒狀溫度計。

**橡皮刮刀**

因為要攪拌、集中麵糊，經常遇到需要彎曲的情況，所以要準備橡皮具有彈力、末端有一定柔軟度的刮刀。推薦矽膠材質的刮刀。

**打蛋器**

請準備鋼線數量較多、弧度較大且有彈性，握把也好拿的打蛋器。

# 奶油霜的作法

義式蛋白奶油霜是透過加熱過的糖液為蛋白殺菌，並固定蛋白霜的氣泡。接著加入軟化奶油混合製成。此時，若蛋白霜及奶油的溫度和軟硬度相同的話，會更容易攪拌混合。

製作炸彈奶油霜時，糖液也有和義式蛋白奶油霜一樣的功用，不過因為加入許多蛋黃，所以能做出更濃郁香醇的奶油霜。

2種奶油霜使用的糖液都要加熱到110℃再離火，利用餘熱達到115℃。把握這個時機加入糖液就是成功的祕訣。

## 義式蛋白奶油霜

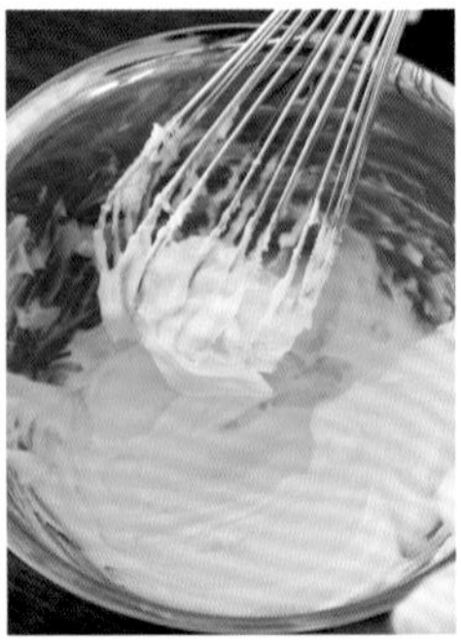

**1** 將奶油放入攪拌盆中退冰至室溫，以打蛋器攪拌滑順。

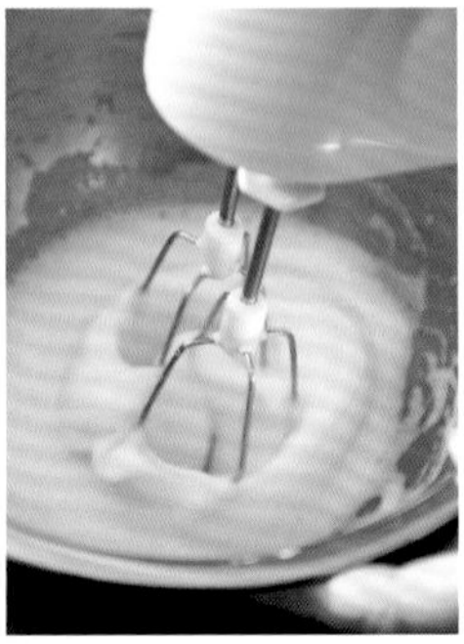

**2** 在另一個攪拌盆中放入蛋白，用手持式攪拌機打發至稍微濃稠的狀態。

**3** 將細砂糖及水放入鍋中加熱至110℃。

**4** 馬上離火，將糖液分次少量地滴入步驟**2**的蛋白霜中，以手持式攪拌機繼續打發。

**5** 將糖液全部加入盆中後，在盆底墊一盆冰水繼續打發，打發到完全冷卻。

**6** 加入$\frac{1}{3}$分量步驟**1**的奶油，以手持式攪拌機攪拌混合。

**7** 分兩次加入剩餘的奶油，攪拌混合。

**8** 奶油全部拌好之後就完成了。

## 炸彈奶油霜

1 將奶油放入攪拌盆中退冰至室溫，以打蛋器攪拌滑順。

2 在另一個攪拌盆中放入蛋黃及全蛋，一邊隔水加熱，一邊用手持式攪拌機充分攪拌至泛白濃稠的狀態，之後從熱水盆中拿出。

3 將細砂糖及水放入鍋中加熱至110℃。

4 馬上離火，將糖液分次少量地滴入步驟**2**的蛋液中，以手持式攪拌機繼續打發。

5 糖液全部加入盆中後，在盆底墊一盆冰水繼續打發，打發到完全冷卻。

6 加入$\frac{1}{3}$分量步驟**1**的奶油，以手持式攪拌機攪拌混合。

7 分兩次加入剩餘的奶油，攪拌混合。

8 奶油全部拌好之後就完成了。

**有剩的話……**

以保鮮膜包裹好，放入保鮮袋中，可以冷藏5天，冷凍3週左右。可以退冰至室溫使用，也可以重新打發再使用。

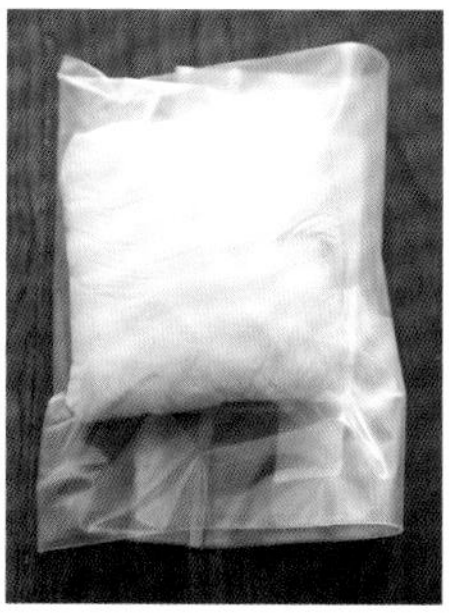

# 奶油霜的變化

改變口味、香氣及顏色

以下介紹的是各種適合義式蛋白奶油霜和炸彈奶油霜的變化款式風味。

## 摩卡奶油霜

1 以1小匙熱水將2小匙即溶咖啡粉溶解。
2 在攪拌盆中放入200g奶油霜（炸彈奶油霜），加入步驟**1**的咖啡液攪拌混合。

## 檸檬奶油霜

在攪拌盆中放入200g奶油霜（義式蛋白奶油霜），加入檸檬皮末1個份、2小匙檸檬汁攪拌混合。

## 焦糖杏仁奶油霜

1 將焦糖杏仁放入稍厚的塑膠袋中，以擀麵棍將其搗成碎末狀。
2 在攪拌盆中放入200g奶油霜（炸彈奶油霜），加入步驟**1**的杏仁碎末攪拌混合，再加入½小匙白蘭地增添香氣。

## 覆盆子奶油霜

1 將15～16g冷凍乾燥的覆盆子放入稍厚的塑膠袋中，以擀麵棍將其搗成粉末狀。
2 在攪拌盆中放入200g奶油霜（義式蛋白奶油霜），加入步驟**1**的覆盆子粉末攪拌混合。

### 焦糖杏仁的作法

1 將150g帶皮杏仁放入160℃的烤箱中烘烤20分鐘左右。
2 在鍋中放入60g細砂糖及1大匙水煮沸，煮到開始變濃的時候加入步驟**1**的杏仁，以木匙持續攪拌，待整體呈焦糖的褐色，再加入20g奶油攪拌混合。
3 放到烘焙紙上攤開放涼。

# 奶油霜製作的整模蛋糕

覆盆子奶油霜帶有覆盆子的色澤與香氣，我希望能突顯它的細緻感，所以使用白色且輕盈的義式蛋白奶油霜製作。

與其搭配的是和鮮奶油蛋糕一樣的海綿蛋糕。覆盆子奶油霜上會再塗上覆盆子草莓果醬，做成三層蛋糕，吃到最後一口都是清爽不膩的好滋味。

裝飾的部分，可以用裝了圓形花嘴的擠花袋擠花，或是用紙捲擠花袋（參照 p.17）描繪細緻的圖樣。也只有帶點硬度的奶油霜才能用紙捲擠花袋描繪纖細的線條。

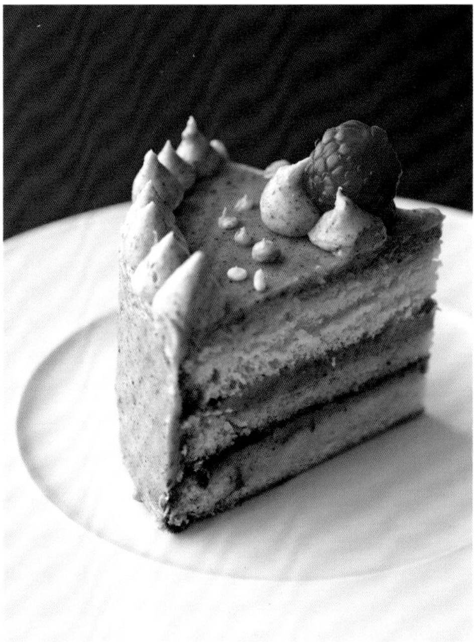

# 覆盆子奶油霜蛋糕

**材料**：直徑15㎝的圓形烤模1個份

海綿蛋糕（烤好的。參照p.20）　1個

覆盆子奶油霜（參照p.70）　200g

覆盆子草莓果醬（參照p.29）　80g

**糖液**

- 水　50㎖
- 細砂糖　25g
- 櫻桃白蘭地　1小匙

**裝飾用**

- 義式蛋白奶油霜（參照p.68）　少許
- 覆盆子　4～5顆

**前置準備**

- 製作糖液。在小鍋子中放入水、細砂糖加熱，煮到細砂糖溶解後關火，放涼之後再加入櫻桃白蘭地。

1 將蛋糕放到旋轉台上，切除薄薄的頂層，使其變得平整，接著將蛋糕橫切成3片，在第一片的切面塗上糖液（**a**）。

2 放上覆盆子奶油霜，以抹刀塗抹均勻，再塗上覆盆子草莓果醬（**b**）。

3 在第二片蛋糕的單面塗上糖液，塗過糖液的那面朝下疊上，朝上的切面也塗上糖液。繼續抹上覆盆子奶油霜，再塗上覆盆子草莓果醬。

4 第三片蛋糕也用同樣的方法疊上並塗上糖液，再塗上覆盆子奶油霜，側面也塗抹均勻（**c**）。

5 以打蛋器將覆盆子奶油霜打發，填入裝了圓形花嘴的擠花袋中，在蛋糕的表面沿著邊緣擠花裝飾（**d**）。

6 用烘焙紙製作2個紙捲擠花袋（參照p.17），分別填入步驟**5**剩餘的覆盆子奶油霜及義式蛋白奶油霜，以細線自由地描繪圖樣，再放上覆盆子裝飾（**e**）。

a

b

c

d

e

# 用義式蛋白奶油霜製作

這款餅乾和我們熟悉的蘭姆葡萄夾心餅乾一樣，是用奶油霜製作的夾心餅乾。

與前一頁的覆盆子奶油霜蛋糕相同，因為希望能突顯檸檬的色澤及香氣，所以是使用白色且質地輕盈的義式蛋白奶油霜製作。與之搭配的沙布蕾餅乾中也加入了檸檬皮末，增添一些檸檬特色。

保存時要放冰箱冷藏。雖然從冰箱取出直接吃就很美味，不過退冰10～15分鐘後再吃，還能享受到奶油霜的柔滑口感。

**材料**：12～15個份

檸檬風味沙布蕾餅乾

- 低筋麵粉　210g
- 糖粉　120g
- 泡打粉　1小撮
- 小蘇打粉　1小撮
- 鹽　1小撮
- 杏仁粉　40g
- 無鹽奶油　120g
- 全蛋　1個
- 檸檬皮末（無蠟）　1個份

檸檬奶油霜（參照p.70）　200g

**前置準備**

- 奶油切成1cm丁狀冷藏備用。
- 全蛋充分打散。
- 烤盤鋪上烘焙紙。
- 烤箱預熱至180℃。

c

a

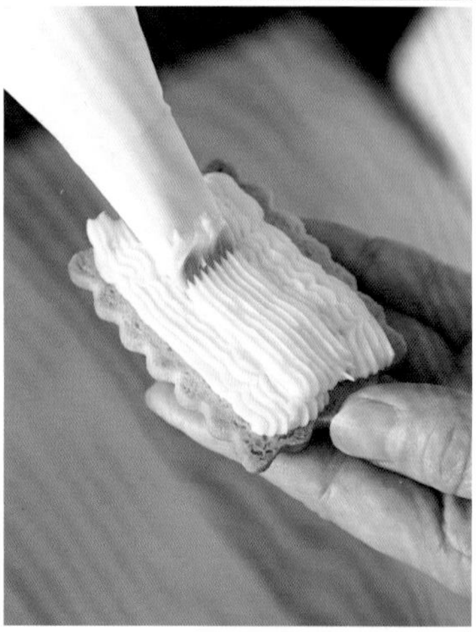
d

b

## 檸檬奶油夾心餅乾

1 製作沙布蕾麵團。將低筋麵粉、糖粉、泡打粉、小蘇打粉、鹽混合過篩，放入食物調理機中，再篩入杏仁粉。接著加入奶油，攪拌到整體呈現鬆散的細粒狀。

2 加入蛋液及檸檬皮末，繼續將整體攪拌成一團（a）。

3 取出麵團，以保鮮膜包裹，放入冰箱中冷藏靜置2小時以上。

4 將步驟**3**的麵團放在撒了手粉（高筋麵粉。分量外）的檯面上，以擀麵棍將其擀成2～3mm厚，再用4×6cm的長方形模具壓出餅乾形狀（b）。將壓好的麵團排列在烤盤上，以180℃的烤箱烘烤15分鐘左右。烤好之後放在蛋糕冷卻架上放涼（c）。

5 步驟**4**的沙布蕾餅乾2片為一組，將檸檬奶油霜填入裝了排花嘴的擠花袋中，在一片餅乾上擠上奶油霜（d），再用另一片餅乾夾起來（e）。放入冰箱中冷藏1小時以上。

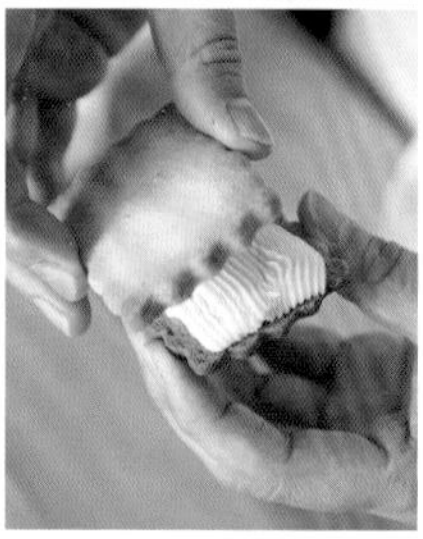
e

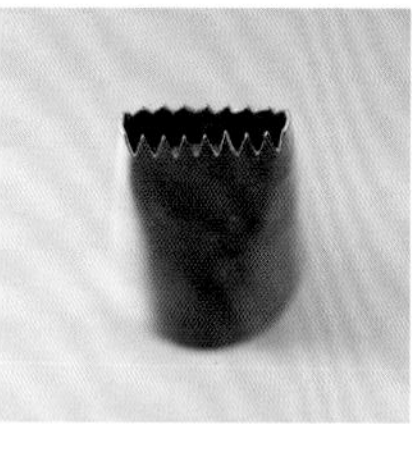
排花嘴。兩側是鋸齒狀的平口花嘴。

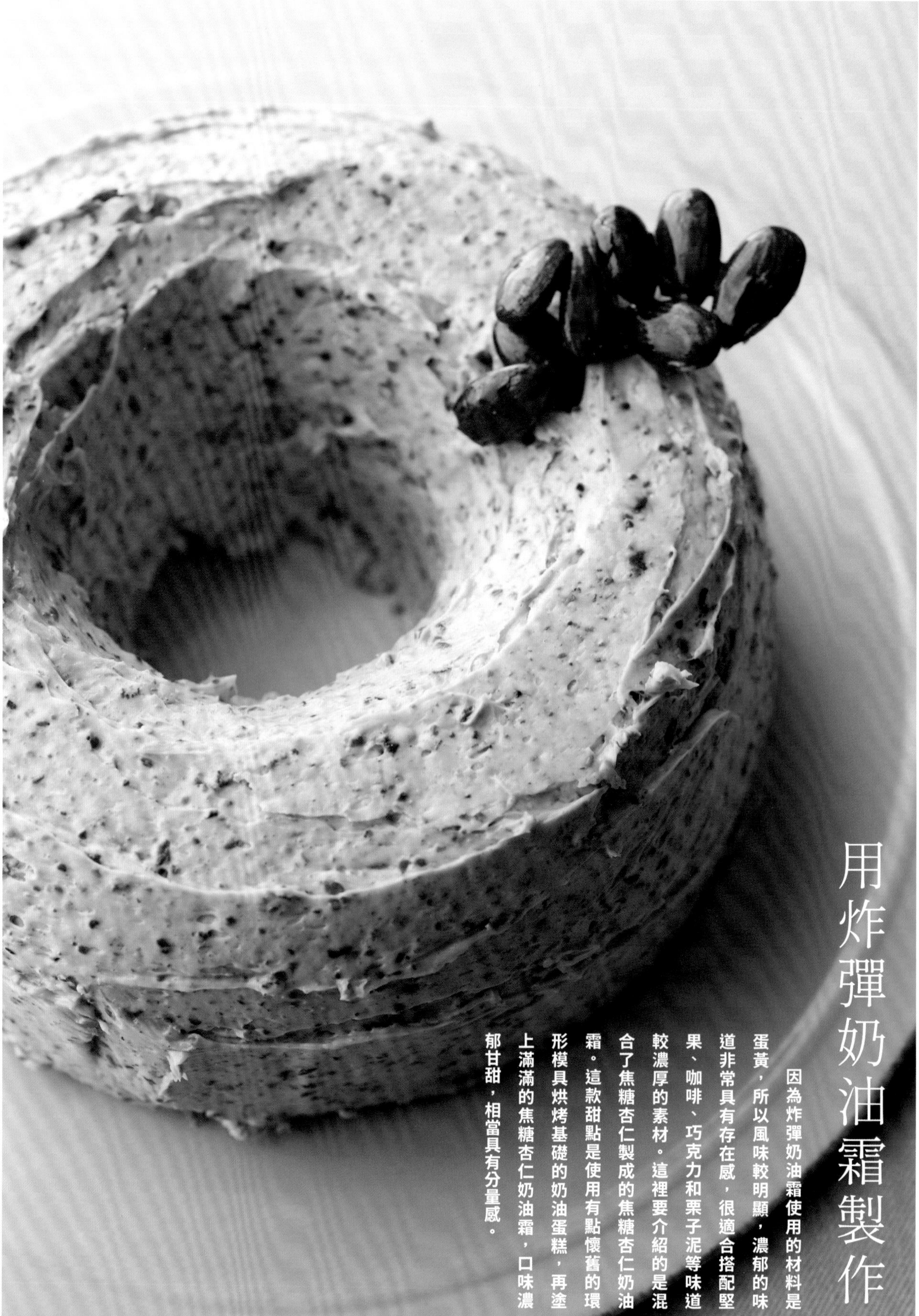

# 用炸彈奶油霜製作

因為炸彈奶油霜使用的材料是蛋黃，所以風味較明顯，濃郁的味道非常具有存在感，很適合搭配堅果、咖啡、巧克力和栗子泥等味道較濃厚的素材。這裡要介紹的是混合了焦糖杏仁製成的焦糖杏仁奶油霜。這款甜點是使用有點懷舊的環形模具烘烤基礎的奶油蛋糕，再塗上滿滿的焦糖杏仁奶油霜，口味濃郁甘甜，相當具有分量感。

# 杏仁蛋糕環

d

b

a

c

**材料**：直徑18㎝的環狀烤模 1個份

**奶油蛋糕**

- 無鹽奶油　80g
- 起酥油　70g
- 糖粉　150g
- 全蛋　3個
- 低筋麵粉　50g
- 杏仁粉　25g
- 玉米澱粉　75g
- 泡打粉　⅔小匙

焦糖杏仁奶油霜（參照p.70）　450g

焦糖杏仁（參照p.70）　適量

**前置準備**

- 奶油退冰至室溫。
- 全蛋充分打散。
- 低筋麵粉、杏仁粉、玉米澱粉、泡打粉混合過篩。
- 烤模內側塗上奶油（分量外）後放入冰箱中冷藏，待奶油凝固後撒上高筋麵粉（分量外），再倒掉多餘的麵粉。
- 烤箱預熱至170℃。

1 製作奶油蛋糕麵糊。將奶油、起酥油、糖粉放入攪拌盆中以橡皮刮刀攪拌，接著用手持式攪拌機打發至蓬鬆泛白的狀態。

2 一邊分次加入少量蛋液，一邊攪拌混合，接著加入過篩的粉類，以橡皮刮刀攪拌均勻。

3 將麵糊倒入模具中，表面抹平，放入170℃的烤箱中烘烤30分鐘左右。烤好之後置於蛋糕冷卻架上放涼（a）。

4 將蛋糕放在旋轉台上，橫切成3片，以抹刀在最下面第一片塗抹焦糖杏仁奶油霜（b），疊上第二片後同樣塗抹焦糖杏仁奶油霜，再蓋上第三片蛋糕（c）。

5 在側面塗抹焦糖杏仁奶油霜（d），整體都抹上後用抹刀修飾。最後以焦糖杏仁裝飾。

摩卡奶油捲選用了適合搭配咖啡風味的炸彈奶油霜，是甜點中的經典款。將蛋糕捲成漩渦狀，不管從哪裡吃都能同時吃到海綿蛋糕及奶油霜，也因為摩卡奶油霜的濃郁風味與海綿蛋糕充分融合，能讓人吃到最後一口都不會覺得膩。可以說是吃了就能體會到奶油霜美味的一款甜點。

想要捲出漂亮的奶油捲有幾個技巧，像是在海綿蛋糕烤好之後要馬上放進塑膠袋裡防止乾燥，還有捲起前要先在海綿蛋糕上劃幾刀，如此一來就能防止海綿蛋糕破裂。

# 用摩卡奶油霜及咖啡風味的海綿蛋糕製作

**材料**：1條份（28×28㎝的烤盤）

**咖啡風味的蛋糕捲用海綿蛋糕**

- 全蛋　3個
- 上白糖　60g
- 低筋麵粉　60g
- 無鹽奶油　10g
- 牛奶　10mℓ
- 即溶咖啡粉　1大匙
- 熱水　1小匙

**糖液**

- 水　50mℓ
- 細砂糖　25g
- 蘭姆酒　2小匙

摩卡奶油霜（參照p.70）　200g

可可粉　適量

**前置準備**

- 全蛋退冰至室溫。
- 低筋麵粉過篩。
- 奶油放入牛奶中，以隔水加熱的方式融化。
- 用熱水將即溶咖啡粉泡開。
- 烤盤鋪上烘焙紙。
- 烤箱預熱至200℃。
- 製作糖液。在小鍋子中放入水、細砂糖加熱，煮到細砂糖溶解後關火，放涼之後再加入蘭姆酒。

## 摩卡奶油捲

1 參照p.26作法的步驟**3**～**7**製作海綿蛋糕。除了二號砂糖換成上白糖，焦糖醬換成咖啡（**a**）之外，其他作法都相同。

2 將步驟**1**的麵糊倒入烤盤中，用刮板將表面抹平（**b**），連同烤盤在檯面上輕敲2～3次將空氣排出。放入200℃的烤箱中烘烤10分鐘左右。烤好之後馬上從烤盤中取出，放入塑膠袋中防止乾燥，就這樣放涼。

3 將海綿蛋糕翻面，取下烘焙紙，再翻面讓帶有烤色的那面朝上，塗上糖液（**c**）。

4 放上摩卡奶油霜，用抹刀塗抹均勻（**d**），從靠近身體處往前在蛋糕上劃5道間隔2～3㎝寬的刀痕（**e**）。

5 將蛋糕連同烘焙紙往前捲。將烘焙紙與擀麵棍一同拉起，會比較好捲（**f**）。

6 捲到底之後用手稍微壓住塑形，再用保鮮膜包裹，放入冰箱中冷藏靜置1小時左右。

7 取下保鮮膜，放上四角形的蕾絲紙巾，從上方用茶篩撒下可可粉，製作花紋。

a

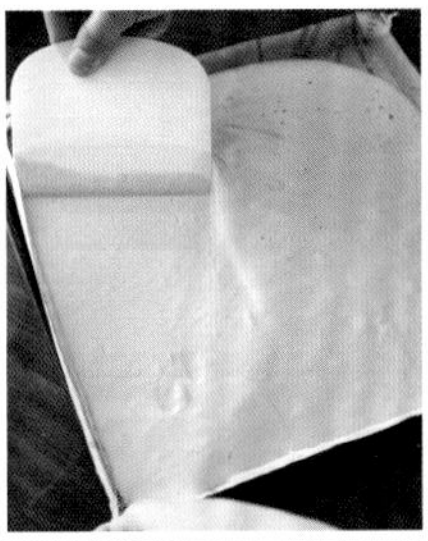
b

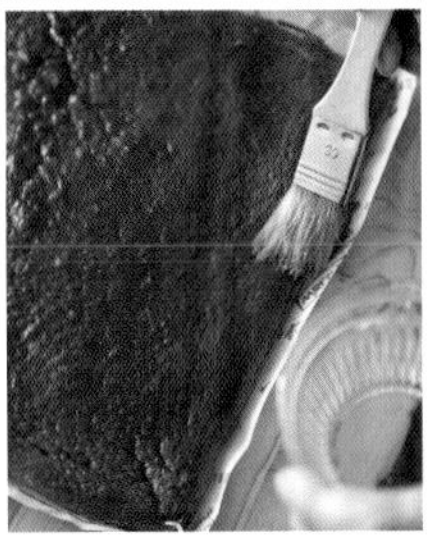
c

d

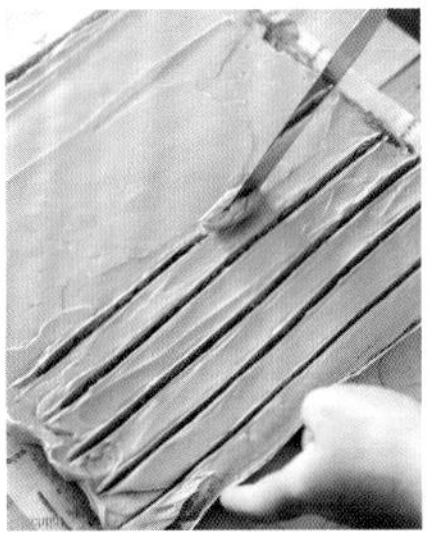
e

f

**CREAM NO KOTO GA YOKUWAKARU! OKASHI NO HON**
Ⓒ Monsieur Martin 2019
Originally published in Japan in 2019 by EDUCATIONAL FOUNDATION BUNKA GAKUEN BUNKA PUBLISHING BUREAU
Chinese translation rights arranged with EDUCATIONAL FOUNDATION BUNKA GAKUEN BUNKA PUBLISHING BUREAU through TOHAN CORPORATION, TOKYO.

**攝影協力　TOMIZ（富澤商店）**
網路商店　https://tomiz.com/

**日文版工作人員**
發行人　濱田勝宏
美術指導　昭原修三
設計　稙田光子
攝影　木村 拓（東京料理寫真）
造型　久保原惠理
校閱　田中美穗
編輯　松原京子
　　　浅井香織（文化出版局）

國家圖書館出版品預行編目（CIP）資料

日本甜點名師的奶油研究室：滑順濃郁×完美融合×吸睛妝點/坂田阿希子著；徐瑜芳譯. -- 初版. -- 臺北市：臺灣東販股份有限公司, 2021.10
80面；18.2×25.7公分
ISBN 978-626-304-847-8（平裝）

1. 點心食譜

427.16　　　　110014301

**坂田阿希子**（Sakata Akiko）

在法式甜點店、法式餐廳累積經驗後獨立創業，致力於探索日本與各國的嶄新美味。將專業的料理手法帶入各種家庭料理當中，讓每一道菜吃起來就像是餐廳的味道。2019年在東京代官山開設「洋食KUCHIBUE」，於廚房大展身手。此外也在同一間店開設料理教室，廣受好評。著有《このひと皿でパーフェクト、パワーサラダ》、《このひと皿で五感がめざめる、パワースープ》、《坂田阿希子の肉料理》（皆為文化出版局出版）等多本著作。

https://kuchibue.tokyo

# 日本甜點名師的奶油研究室
## 滑順濃郁×完美融合×吸睛妝點

2021年10月15日初版第一刷發行
2023年8月1日初版第四刷發行

作　　者　坂田阿希子
譯　　者　徐瑜芳
編　　輯　邱千容
美術編輯　黃瀞瑢
發 行 人　若森稔雄
發 行 所　台灣東販股份有限公司
　　　　　＜地址＞台北市南京東路4段130號2F-1
　　　　　＜電話＞（02）2577-8878
　　　　　＜傳真＞（02）2577-8896
　　　　　＜網址＞http://www.tohan.com.tw
郵撥帳號　1405049-4
法律顧問　蕭雄淋律師
總 經 銷　聯合發行股份有限公司
　　　　　＜電話＞（02）2917-8022



東販出版